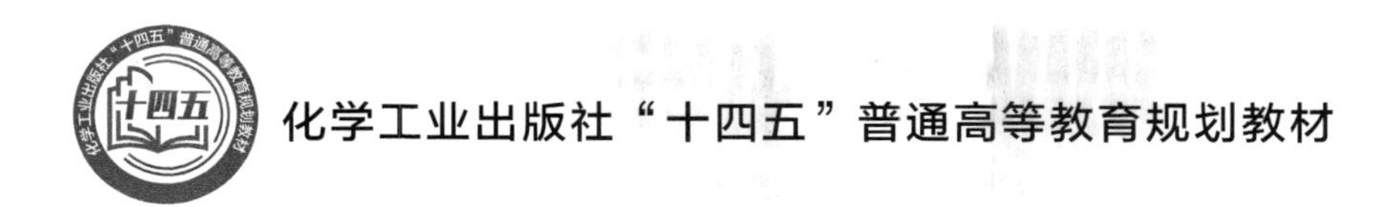

LIANXULIU WEIFANYING
SHIYAN JIAOCHENG

连续流微反应实验教程

王周玉　主　编

黄正梁　薛　东　副主编

化学工业出版社

·北京·

内容简介

本教材紧密围绕连续流微反应，精心设计了22个连续流微反应实验，每个实验配套精美课件，将传统的硝化、氧化、还原、光催化、偶联等有机反应与连续流微反应技术和现代分析检测技术相结合，同时还涉及微反应器内压降、两相流型、停留时间分布、传热系数等参数的测量。通过将传统有机合成反应在连续流微反应器中进行，反应时间大大缩短使得在有限的教学时间内能够考察多组实验条件对反应产物的影响，为学生提供了体验有机合成工艺优化的机会，并提高其综合分析问题和解决问题的能力。

本书适合高等院校化学、生物医药、化学工程、制药工程等专业本科生、研究生学习使用，也可供高职院校相关专业的高年级学生使用。

图书在版编目（CIP）数据

连续流微反应实验教程 / 王周玉主编 ; 黄正梁，薛东副主编. -- 北京 : 化学工业出版社，2025. 3.
(化学工业出版社“十四五”普通高等教育规划教材).
ISBN 978-7-122-47357-8

Ⅰ. TQ052-33

中国国家版本馆 CIP 数据核字第 2025BA4925 号

责任编辑：刘　军　孙高洁　　文字编辑：王丽娜
责任校对：宋　夏　　装帧设计：王晓宇

出版发行：化学工业出版社
(北京市东城区青年湖南街 13 号　邮政编码 100011)
印　　装：北京天宇星印刷厂
710mm×1000mm　1/16　印张 9　字数 163 千字
2025 年 4 月北京第 1 版第 1 次印刷

购书咨询：010-64518888　　售后服务：010-64518899
网　　址：http://www.cip.com.cn
凡购买本书，如有缺损质量问题，本社销售中心负责调换。

定　　价：39.80 元　

前言

连续流微反应技术作为化工领域的一大颠覆性创新技术，开启了化工行业走向本质安全化、高效化、绿色化、精细化、小型化、连续化、自动化及智能化的全新时代。该技术不仅推动了行业的转型与升级，提升了本质安全性与创新力，还促进了绿色可持续发展，是未来实现智能化制造的重要平台技术之一。目前，众多国内外精细化工和医药企业已引进连续流微反应器，并有部分企业如葛兰素史克、礼来、摩迪康、安吉里尼、太阳药业、中化集团、巨化集团、京博集团、浙江医药、上海医药、复星医药、新发药业、合全药业等已采用该技术进行规模化应用生产。随着连续流微反应技术的普及，其相关技术人才需求迅速上升。但目前关于连续流微反应技术方面的实验教材匮乏。尽管国内一些高校已经为本科生或研究生开设了连续流化学实验课程，但是较少涉及微反应器内流动、混合、传递规律，以及反应动力学观测和连续流快速工艺优化策略。因此，迫切需要开发一系列与时俱进的实验教学资源，帮助更多高校教师和学生应用先进科技和工具开展教学实践活动。基于此，本教材应运而生。

本教材旨在加强对学生的实践和创新能力培养，推进化学、生物医药、化工等领域教育改革。它结合了前沿的连续流微反应技术，提供了创新的实验教学内容和方法，特色在于将与连续流相关的国家自然科学基金、省市科技厅项目、企业项目、教师科研成果相结合，设计出适合多层次学生的创新实验教学项目。一方面，在传统的硝化、氧化、还原、光催化、偶联等反应中，融入连续流微反应技术和分析检测技术；另一方面，对微反应器的压降、两相流型、停留时间分布、传热系数、传质系数等流动和传递参数进行测量，以加深学生对微反应器过程强化原理及其特点的理解。该教材强调实验设计、数据分析及结果应用的综合技能训练，致力于全面提升学生的实验能力。相较于传统的化学化工实验教学，其最大的亮点在于连续流微反应时间大大缩短，使得在有限的教学时间内能够考察多组实验条件对反应产物的影响，让学生有机会体验有机合成工艺优化的思路，提高学生综合分析问题、解决问题的能力。同时，每个实验根据教学要求，可灵活设置为 4 个课时、8 个课时或 16 个课时。

本教材由西华大学王周玉教授、浙江大学黄正梁高级实验师、陕西师范大学薛东教授共同设计编写框架，来自多所高校教师及企业人员一起编写而成，最后由王周玉教授统稿。教材共含有22个连续流微反应实验，其中化学类14个，化工类8个。具体编写分工如下：绪论由西华大学王周玉教授及王超副教授共同撰写，实验一和实验七由南京科技职业学院高强副教授编写，实验二和实验十三由徐州工业职业技术学院楚冬海副教授编写，实验三由康宁反应器技术有限公司史界平博士和伍辛军博士编写，实验四由河北工业大学张宏宇副教授编写，实验五由西华大学钱珊教授编写，实验六由西华大学宋巧副教授编写，实验八由四川化工职业技术学院谢川编写，实验九由西华大学王周玉教授编写，实验十由西华大学符志成副教授编写，实验十一由常州工程职业技术学院王亮副教授编写，实验十二由西华大学王超副教授编写，实验十四由陕西师范大学李刚博士编写，实验十五至二十二由浙江大学黄正梁老师编写。

限于作者的学识和理解，书中可能存在诸多不足，恳请有关专家不吝指正。

编者

2024年9月

目录

绪论

一、连续流微反应技术简介

连续流微反应技术被公认为是21世纪化学化工领域的革命性技术，其核心是利用特殊微加工技术制造的微通道反应器[1-6]。这些微反应器按流体通道特征尺寸可分为微米级和毫米至厘米级两大类。制备材质多样，如金属、玻璃、碳化硅等，且内部通道形状和结构设计各异，如心形、管道形和“锯齿形”形等。微通道反应器在国内外得到了广泛关注和研究，包括康宁公司、Syriss、Vaportec、Chemtrix、山东金德新材料、杭州沈氏节能科技等在内的多家企业均投入研发，并推出各具特色的微通道连续流设备。

相对于传统间歇釜反应，连续流微反应技术具有独特的优势。其设备尺寸小，传质传热效率高，易于实现过程强化；同时，该技术具有停留时间分布窄、过程重复性好等特点，且参数控制精确，易于自动化控制，能从工艺源头提升化学品的质量稳定性。此外，该技术几乎无放大效应，可快速放大生产规模，且在线物料量少，过程本质安全，实现了连续化操作，提高了时空效率，节省了大量劳动力。近年来，连续流微反应技术在难混合、强放热、超低温、多相流、快速反应以及中间体不稳定、易燃易爆反应等领域展现出显著优势，为化学化工领域带来了革命性的变化[7-11]。

二、连续流微反应技术在制药、化工领域的应用

经过30余年的发展，全球连续流微反应技术在应用上已覆盖了制药、化工、新材料、食品等行业[12-25]。这一颠覆性的创新技术，以其本质安全、低碳、高效和可持续的特点，为化学工业带来了翻天覆地的变化。

在制药领域，连续制造技术的应用已成为学术界的热议焦点。以 Russell 等为代表的研究团队，在 2019 年通过七步连续流步骤，高效合成了利奈唑胺，这一成果极大地减少了噁唑啉副产物的生成，展示了连续流微反应技术在药物合成中的巨大潜力[26]。随后，Paul 等于 2020 年实现了（一）-磷酸奥司他韦的连续流动制备，九步总收率高达 54%，且总保留时间仅为 3.5min[27]。尤其值得一提的是，他们利用流动化学技术成功处理了具有安全隐患的叠氮化反应，极大地提升了工艺的安全性。国内，陈芬儿院士课题组报道了一条全新的制备酰胺醇类抗生素的全连续流合成方案，采用微通道连续加氢技术替代了传统的釜式加氢方法，不仅提高了反应效率和安全性，而且使催化剂能够长时间连续使用，进一步降低了生产成本[28]。除此之外，抗病毒药物、抗肿瘤药物、解热镇痛药物、抗炎药物、麻醉类药物、精神类药物、抗疟疾药和抗癫痫药等多个药物的连续合成已陆续被报道，这些药物新合成路线的开发和应用，在替代现有商业合成路线以及实现安全批量生产方面展现出了巨大的潜力[29-32]。全球知名制药企业也对连续流微反应技术给予了高度关注。强生、辉瑞、默沙东、吉利德、礼来、百时美施贵宝、葛兰素史克等制药巨头纷纷布局连续流生产线，以提升生产效率和质量。在国内，齐鲁制药、瑞阳制药、九洲药业、人福药业、药友制药、佳尔科药业等企业也紧随其后，积极构建微通道反应平台，实现了众多药物的连续生产。

在化工领域，连续流微反应技术的应用同样令人瞩目。早在 2004 年，Clariant 公司就报道了在工厂进行的苯硼酸微反应器工业试验。Axiva 公司则基于微化工技术，成功建立了一套年产 50t 聚丙烯酸酯的中试装置，并设计了年产 2000t 的工业化装置。我国在微化工技术的产业化应用方面更是走在了世界前列。以清华大学、中国科学院大连化物所研究团队为代表，在湿法磷酸净化、无机纳米颗粒合成、聚合物材料制备、橡胶助剂和精细化学品中间体等领域成功开发和应用了连续流微反应技术。国内多家化工企业也紧跟时代步伐，建立了千吨级硝化、氯化、重氮化、氢化、氧化等连续流生产工艺[33-37]。例如，山东京博集团旗下的益丰生化环保股份有限公司，2018 年利用康宁微反应器实现了硝酸异辛酯的全连续化生产，年通量突破 1 万吨，年产能 5000t，生产车间占地面积从传统工艺的 $4000m^2$，缩小至 $400m^2$。浙江巍华新材料股份有限公司 2019 年则实现了重氮化反应、水解反应和下游分离纯化的全连续稳定生产，年通量高达 13000t，年产能为 800t。此外，江苏、浙江、山东、河北、安徽、福建、山西、吉林等地的多家化工企业也实现了千吨级、万吨级硝化、氧化等工艺的连续化生产。这些成果表明连续流微反应技术不仅提高了生产效率和产品质量，还降低了能耗和人工，使化工过程更加安全、绿色。

连续流微反应技术结合光化学反应，从根本上改变了化学品的研发和制造方式。尤其在硝化、氢化、氧化、重氮化、叠氮化等危险系数较高的反应中，该技术显示出广阔的应用前景[38-41]。

三、连续流微反应技术与人工智能

随着人工智能的飞速发展，它正逐渐成为我们生活中不可或缺的一部分。在大数据时代，它将给化工行业，尤其是医药和精细化工领域带来革命性的变革。连续流微反应技术使得许多合成反应的开发、工艺优化及药物生产能够实现高速自动化无人操作。目前，在国际上已经诞生了一系列颠覆性的人工智能系统或者智能机器人。

2015 年，默克公司就在《科学》杂志上报道了利用微量滴定板系统每日评估 1500 个催化偶联反应条件的研究[42]。2016 年，麻省理工学院研究人员研发出了一个冰箱大小的药物连续制备系统，它能在短时间内合成抗组胺药盐酸苯海拉明、局部麻醉药剂盐酸利多卡因、镇静剂地西泮及抗抑郁药盐酸氟西汀，同时可以根据用户需要，每天连续不断地制备出成百上千份药物制剂[43]。2018 年 1 月，美国辉瑞公司成功开发了一种高通量、高灵活性的化学反应高速自动筛选平台，该平台包括计算机控制单元、两套可以相互切换的液质联用（LC/MS）系统以及连续流动微反应系统[44,46]。研究人员利用该平台能够在 4 天内完成 5760 个 Suzuki-Miyaura 偶联反应的条件筛选，每天的处理量高达 1500 个条件，这标志着实验室智能化的一次重大飞跃。同年 7 月，格拉斯哥大学的研究人员发明了一种能够利用人工智能发现新分子的机器人，这台机器人经过化学家的简单培训后，可以独立完成设定的化学反应，以寻找和合成新的药物和材料，机器人化学家不仅提供了更经济、更安全的研究前景，还大大提高了研究效率[45]。2019 年美国麻省理工学院的 Jessen 教授团队将人工智能和连续流技术结合起来，制造出的机器人具有文献学习、实验设计和工艺优化能力，并合成了 14 种药物分子和医药中间体[47]。2023 年，卡内基梅隆大学研究人员在《自然》杂志上报道了基于 GPT-4 等大型语言模型开发的 AI“化学家”，它能自主设计、规划和执行复杂的化学实验，成功实现了阿司匹林、布洛芬等药物分子的合成[48]。

随着人工智能技术的飞速发展，连续流微反应技术在医药和精细化工行业的应用正迈向一个新的高度。这种结合了流体控制、微反应器、过程分析技术以及下游微分离技术的多功能平台，通过与机器学习、计算机辅助技术和机器人自控技术的融合，正成为全球化工、医药行业的一大亮点[49]。

四、国内外有关连续流微反应技术的政策导向

连续流微反应技术在绿色安全制造领域具有显著优势，已成为提升化工本质安全的有效途径。近年来，国务院安委会、应急管理部、工业和信息化部、发展改革委等部门相继发布了一系列文件和指导意见，强调推广和应用连续流微反应技术以降低化工生产过程中的安全风险。

2017年，国家安全监管总局发布的《关于加强精细化工反应安全风险评估工作的指导意见》明确指出，针对反应工艺危险度评定为4级和5级的工艺过程，应优先开展工艺优化或采用连续流微反应技术替代传统工艺，以降低安全风险。2019年，工业和信息化部等四部门联合发布的《推动原料药产业绿色发展的指导意见》提出，加快技术创新和应用，推广微通道、连续反应等绿色工艺，为原料药行业健康高质量发展提供政策保障。同年，国家发展改革委产业发展司发布的产业结构调整指导目录中多次强调要大力发展清洁生产、本质安全新技术。2021年，工业和信息化部发布的《石化化工行业鼓励推广的技术和产品目录（第一批）》中，将“新型微通道反应器装备及连续流工艺技术”置于32项推荐技术之首，凸显了这一技术在国家石化化工行业中的重要性。2022年，应急管理部发布的《“十四五”危险化学品安全生产规划方案》鼓励采用全密闭连续自动生产装置替代开放或半封闭式间歇生产装置。2022年，工业和信息化部、国家发展和改革委员会、科学技术部、生态环境部、应急管理部、国家能源局联合发布的《关于“十四五”推动石化化工行业高质量发展的指导意见》指出，巩固提升微反应连续流等过程强化技术，提升行业创新水平。

2024年，国务院安委会印发《安全生产治本攻坚三年行动方案（2024—2026年）》，其中明确指出：推进高危工艺企业全流程自动化改造。持续推动反应安全风险评估工艺危险度3级及以上的高危工艺企业应用微通道管式反应器等新装备、新技术。

2019年2月，美国食品药品监督管理局（FDA）发布了《连续制造的质量考量》指南草案，2021年7月，国际人用药品注册技术协调会（ICH）发布了《Q13：原料药和制剂的连续制造技术》文件，为制药企业加速应用连续流技术进行药物研发和生产提供了法规支持。2023年，中国国家药品监督管理局药品评审中心发布了通知，公开征求对国际人用药品注册技术协调会（ICH）发布的《Q13：原料药和制剂的连续制造技术》实施建议和中文版意见。随后，国家药品监督管理局正式宣布将使用《Q13》指导原则，并规定自2024年6月13日开

始的所有相关研究都必须遵循该原则。这一决策不仅体现了国家药品监督管理局对连续制造技术在药物生产应用中的认可，而且标志着我国药物连续制造研究步入了一个新的标准化发展阶段，连续制造技术现已成为我国原料药和制剂生产发展的新趋势。

以上种种举措都显示出连续制造技术已经成为我国原料药、精细化学品、化工中间体以及新材料领域的重点技术，值得企业与行业高度重视。

综上所述，作为21世纪化学化工领域的一项颠覆性技术，连续流微反应技术已广泛应用于制药、化工、精细化学品、新材料和食品等行业，以其本质安全、低碳高效的特点，引领行业进入高质量发展新时代。该技术不仅提升了化工生产的连续性和安全性，在硝化、氢化等高风险反应中展现出卓越优势，更为化工行业的绿色可持续发展创造了条件。特别是人工智能的加入，将流体控制、微反应器技术与机器学习、计算机辅助技术结合，进一步优化了化学合成的效率和安全性，为药物、精细化学品和材料的创新制备提供了强大支撑。政府亦积极推广此技术，强调其在降低生产安全风险中的重要作用。连续流微反应技术已成为我国化工领域转型升级、绿色安全制造的关键路径之一，未来前景广阔。各大高校、高职院校开展相关的课程建设和实验教学，为行业培养掌握先进技术的创新人才，亦十分有必要。

参考文献

[1] Wiles C，Watts P. Continuous flow reactors：a perspective. Green Chemistry，2012，14（1）：38-54.

[2] Akwi F M，Watts P. Continuous flow chemistry：Where are we now? Recent applications，challenges and limitations. Chemical Communications，2018，54（99）：13894-13928.

[3] Neyt N C，Riley D L. Application of reactor engineering concepts in continuous flow chemistry：A review. Reaction Chemistry & Engineering，2021，6（8）：1295-1326.

[4] Glasnov T. Continuous-flow chemistry in the research laboratory. Springer New York：2016.

[5] 骆广生，吕阳成，王凯，等. 微化工技术. 北京：化学工业出版社，2020.

[6] Gérardy R，Emmanuel N，Toupy T，et al. Continuous flow organic chemistry：Successes and pitfalls at the interface with current societal challenges. European Journal of Organic Chemistry，2018，（20）：2301-2351.

[7] Britton J，Raston C L. Multi-step continuous-flow synthesis. Chemical Society Reviews，2017，46（5）：1250-1271.

[8] Cole K P，Jaworski J N，Kappe C O，et al. Flow chemistry and continuous processing：More mainstream than ever. Organic Process Research & Development，2024，28（5）：1269-1271.

[9] Wiles C，Watts P. Continuous flow reactors，a tool for the modern synthetic chemist. European Journal of Organic Chemistry，2008，（10）：1655-1671.

[10] Watts P，Wiles C. Micro reactors，flow reactors and continuous flow synthesis. Journal of chemical research，2012，36（4）：181-193.

［11］ Watts P，Haswell S J. Continuous flow reactors for drug discovery. Drug Discovery Today，2003，8（13）：586-593.

［12］ Zaquen N，Rubens M，Corrigan N，et al. Polymer synthesis in continuous flow reactors. Progress in Polymer Science，2020，107：101256-101291.

［13］ Gutmann B，Cantillo D，Kappe C O. Continuous-flow technology—a tool for the safe manufacturing of active pharmaceutical ingredients. Angewandte Chemie International Edition，2015，54（23）：6688-6728.

［14］ Hook B D A，Dohle W，Hirst P R，et al. A practical flow reactor for continuous organic photochemistry. The Journal of Organic Chemistry，2005，70（19）：7558-7564.

［15］ Zaquen N，Yeow J，Junkers T，et al. Visible light-mediated polymerization-induced self-assembly using continuous flow reactors. Macromolecules，2018，51（14）：5165-5172.

［16］ Jas G，Kirschning A. Continuous flow techniques in organic synthesis. Chemistry-A European Journal，2003，9（23）：5708-5723.

［17］ Neyt N C，Riley D L. Application of reactor engineering concepts in continuous flow chemistry：A review. Reaction Chemistry & Engineering，2021，6（8）：1295-1326.

［18］ Malet-Sanz L，Susanne F. Continuous flow synthesis. A pharma perspective. Journal of Medicinal Chemistry，2012，55（9）：4062-4098.

［19］ Gilmore K，Seeberger P H. Continuous flow photochemistry. The Chemical Record，2014，14（3）：410-418.

［20］ Estel L，Poux M，Benamara N，et al. Continuous flow-microwave reactor：Where are we?. Chemical Engineering and Processing：Process Intensification，2017，113：56-64.

［21］ Baumann M，Moody T S，Smyth M，et al. A perspective on continuous flow chemistry in the pharmaceutical industry. Organic Process Research & Development，2020，24（10）：1802-1813.

［22］ Munirathinam R，Huskens J，Verboom W. Supported catalysis in continuous-flow microreactors. Advanced Synthesis & Catalysis，2015，357（6）：1093-1123.

［23］ Hartwig J，Metternich J B，Nikbin N，et al. Continuous flow chemistry：A discovery tool for new chemical reactivity patterns. Organic & Biomolecular Chemistry，2014，12（22）：3611-3615.

［24］ Wiles C，Watts P. Continuous process technology：A tool for sustainable production. Green Chemistry，2014，16（1）：55-62.

［25］ 何涛，马小波，徐志宏，等．连续流微反应．化学进展，2016，28：829-838.

［26］ Russell M G，Jamison T F. Seven-step continuous flow synthesis of linezolid without intermediate purification. Angewandte Chemie，2019，131（23）：7760-7763.

［27］ Sagandira C R，Watts P. Continuous-flow synthesis of（－）-oseltamivir phosphate（tamiflu）. Synlett，2020，31（19）：1925-1929.

［28］ Xia Y，Jiang M，Liu M，et al. Catalytic syn-selective nitroaldol approach to amphenicol antibiotics：Evolution of a unified asymmetric synthesis of（－）-chloramphenicol，（－）-azidamphenicol，（＋）-thiamphenicol，and（＋）-florfenicol. The Journal of Organic Chemistry，2021，86（17）：11557-11570.

［29］ Morodo R，Bianchi P，Monbaliu J C M. Continuous flow organophosphorus chemistry. European Journal of Organic Chemistry，2020（33）：5236-5277.

[30] 冯康博，陈炯，古双喜，等．全连续流反应技术在药物合成中的新进展（2019～2022）．有机化学．2024，2（44）：378-397.

[31] 程荡，陈芬儿．连续流微反应技术在药物合成中的应用研究进展．化工进展，2019，38（1）：20. 2018-1174.

[32] 刘全，张钊，邵先钊，等．连续流反应技术在药物分子合成中的研究进展．安徽化工，2020，46（5）：4-10.

[33] 俞航伟，赵金阳，周朋成，等．连续流硝化反应技术研究进展．浙江化工，2020，51（11）：26-31.

[34] 王枝阔，滕忠华，余志群．连续流氧化反应技术研究进展．浙江化工，2022，53（3）：29-35.

[35] 刘玎，朱园园，古双喜，等．流动化学在卤化反应中的应用．有机化学，2021，41（3）：1002-1011.

[36] 乐型茂，宋相武，周嘉第，等．连续流重氮化反应技术研究进展．浙江化工，2022，53（3）：17-28.

[37] 孙青霞，苏焕焕，金晓云．微通道技术在提升精细化工安全中的应用进展．浙江化工，2023，54（9）：43-48.

[38] Donnelly K，Baumann M. Scalability of photochemical reactions in continuous flow mode. Journal of Flow Chemistry，2021，11（3）：223-241.

[39] Sugisawa N，Nakamura H，Fuse S. Recent advances in continuous-flow reactions using metal-free homogeneous catalysts. Catalysts，2020，10（11）：1321-1341.

[40] Leslie A，Joseph A M，Baumann M. Functional group interconversion reactions in continuous flow reactors. Current Organic Chemistry，2021，25（19）：2217-2231.

[41] 贾志远，闫士杰，孙文瑄，等．连续流光化学技术在有机合成中的应用．染料与染色，2022，2（3）：59-61.

[42] Perera D，Tucker J W，Brahmbhatt S，et al. A platform for automated nanomole-scale reaction screening and micromole-scale synthesis in flow. Science，2018，359（6374）：429-434.

[43] Adamo A，Beingessner R L，Behnam M，et al. On-demand continuous-flow production of pharmaceuticals in a compact，reconfigurable system. Science，2016，352（6281）：61-67.

[44] Ahneman D T，Estrada J G，Lin S，et al. Predicting reaction performance in C—N cross-coupling using machine learning. Science，2018，360（6385）：186-190.

[45] Granda J M，Donina L，Dragone V，et al. Controlling an organic synthesis robot with machine learning to search for new reactivity. Nature，2018，559（7714）：377-381.

[46] Gesmundo N J，Sauvagnat B，Curran P J，et al. Nanoscale synthesis and affinity ranking. Nature，2018，557（7704）：228-232.

[47] Coley C W，Thomas D A，Lummiss J A M，et al. A robotic platform for flow synthesis of organic compounds informed by AI planning. Science，2019，365（6453）：1566.

[48] Sanderson K. This GPT-powered robot chemist designs reactions and makes drugs on its own. Nature，2023，doi：10.1038/d41586-023-04073-4.

[49] Slattery A，Wen Z，Tenblad P，et al. Automated self-optimization，intensification，and scale-up of photocatalysis in flow. Science，2024，383（6681）：1817-1826.

实验一
Wittig 反应——4,4′-二硝基二苯乙烯的制备

一、实验目的

1. 掌握 Wittig 反应机理。
2. 理解反应条件对 Wittig 反应转化的影响。
3. 掌握反应停留时间的计算。
4. 观察学习心形微通道反应器结构。

二、实验原理

当磷或硫等原子与碳原子结合时，碳带负电荷，磷或硫带正电荷，碳与磷或硫彼此相邻并同时保持着完整的电子偶，这被称为叶立德（Ylide），即一类在相邻原子上有相反电荷的中性分子。由磷形成的叶立德称为磷叶立德。

磷叶立德由德国化学家魏悌希（Wittig）于 1953 年发现，也称为 Wittig 试剂，它可通过季鏻盐在强碱作用下失去一分子卤化氢制得。磷叶立德中的磷原子可利用其 3d 轨道与碳原子 p 轨道重叠形成 pd-π 键，这个 π 键具有很强的极性，可以和酮羰基或醛羰基进行亲核加成形成烯烃。Wittig 烯化反应已成为有机合成中构建碳碳双键最有效的方法之一，广泛用于天然产物及药物分子的合成，原理见图 1-1。

本实验以 4-硝基苯甲醛、（4-硝基苄基）三苯基溴化鏻为主要原料，通过 Wittig 反应制备 4,4′-二硝基二苯乙烯。反应过程中，（4-硝基苄基）三苯基溴化鏻在氢氧化钾作用下先生成红色的磷叶立德中间体，磷叶立德再与 4-硝基苯甲醛中的羰基进行亲核加成，形成烯烃结构（图 1-2）。

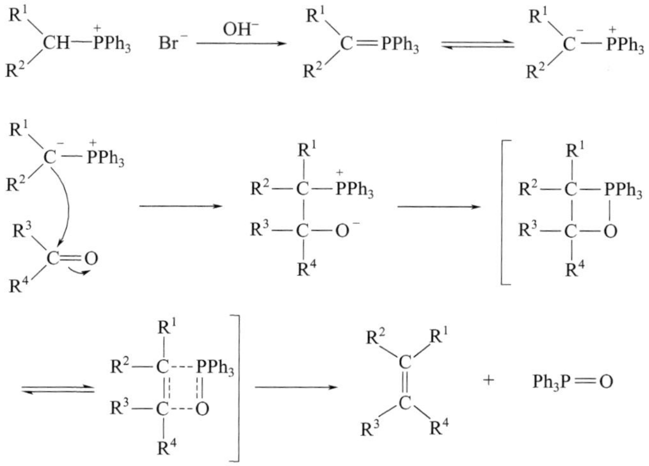

$$\mathrm{R^1R^2CH{-}\overset{+}{P}Ph_3\ Br^-} \xrightarrow{\mathrm{OH^-}} \mathrm{R^1R^2C{=}PPh_3} \rightleftharpoons \mathrm{R^1R^2\overset{-}{C}{-}\overset{+}{P}Ph_3}$$

$$\mathrm{R^1R^2\overset{-}{C}{-}\overset{+}{P}Ph_3} + \mathrm{R^3R^4C{=}O} \longrightarrow \mathrm{R^1R^2C(\overset{+}{P}Ph_3){-}C(O^-)R^3R^4} \longrightarrow \left[\mathrm{R^1R^2C{-}PPh_3 / R^3R^4C{-}O}\right.$$

$$\rightleftharpoons \left.\mathrm{R^1R^2C{\cdots}PPh_3 / R^3R^4C{\cdots}O}\right] \longrightarrow \mathrm{R^2R^1C{=}CR^3R^4} + \mathrm{Ph_3P{=}O}$$

图 1-1　Wittig 烯化反应机理

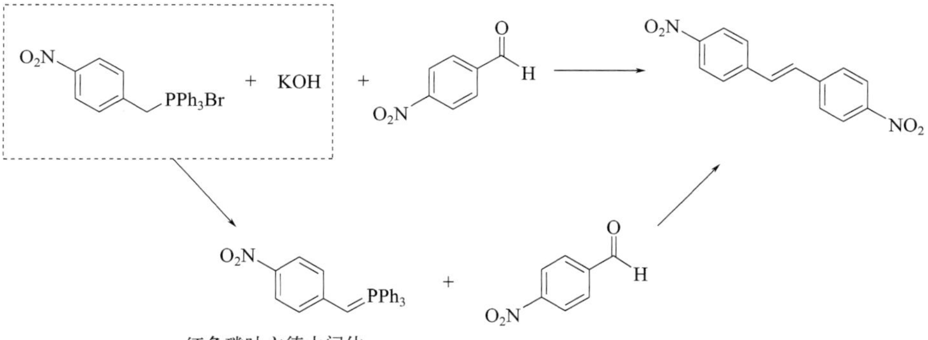

O_2N PPh$_3$Br + KOH + O_2N H O → O_2N NO_2

O_2N PPh$_3$ + O_2N H O

红色磷叶立德中间体

图 1-2　4,4′-二硝基二苯乙烯合成反应

三、实验仪器和试剂

1. 仪器

心形微通道反应器，高效液相色谱仪。

2. 试剂

（4-硝基苄基）三苯基溴化鏻，4-硝基苯甲醛，氢氧化钾，无水乙醇，1,2-二氯乙烷。

四、实验步骤

1. 物料配制

（1）水相物料的配制：称取氢氧化钾（0.56g，10mmol）溶解在500mL水中。

（2）有机相物料的配制：称取（4-硝基苄基）三苯基溴化鏻（2.39g，5mmol）、4-硝基苯甲醛（1.5g，10mmol）溶解在500mL的1,2-二氯乙烷中。

2. 仪器检查和校准

（1）打开反应器电源，检查设备，确认软硬件通信连接正常。

（2）将去离子水（20mL）和1,2-二氯乙烷（20mL）分别装入左右两个注射器中，置换反应器中的乙醇，清洗时间3～5min。

（3）通过秒表和量筒，分别校准左右两个注射泵流速。如流速不准确，可通过在软件中设置更改注射器的直径进行调节。

3. 开始反应

（1）将配制好的水相物料和有机相物料分别装入左右两个注射器中。

（2）设置反应器温度，待温度稳定，按预先设定流速进料，在不同停留时间观察反应器中实验现象（反应物料变为红色，随着反应进行，物料由红色变为无色）。

（3）更改水相流速、有机相流速、反应温度等实验参数重复进行实验，观察记录实验现象于表1-1中。

表1-1　实验参数记录

实验序号	水相流速/(mL/min)	有机相流速/(mL/min)	反应温度/℃	停留时间/s	碱/膦/醛摩尔比	实验现象
1						
2						
3						
4						
5						
6						

续表

实验序号	水相流速/(mL/min)	有机相流速/(mL/min)	反应温度/℃	停留时间/s	碱/膦/醛摩尔比	实验现象
7						
8						
9						
10						

停留时间＝反应器通道体积（2.7mL)/物料总流速。

4. 停止反应

（1）停止注射泵进料，将反应器温度设置为 25℃。

（2）两个注射泵内的物料均更换为 20mL 无水乙醇，温度低于 40℃，用乙醇清洗反应器。

（3）关闭设备电源，处理实验废液。

五、样品分析检测

本实验主要采用目测反应物料由红色转变为无色判定反应是否完全转化。

反应液中有目标产物 4,4′-二硝基二苯乙烯、副产物三苯基氧膦及原料对硝基苯甲醛，可采用液相色谱分析。分析条件：色谱柱 Phenomenex C_{18}（100mm×4.6mm，3μm)，流动相为水-乙腈（2∶3，体积比)，250nm 和 350nm 双波长检测，柱温 40℃，流速 1.0mL/min。

六、注意事项

本实验所用玻璃反应器持液体积为 2.7mL，建议物料流速设为 1.5～4.0mL/min，温度设为 35～65℃。若温度过高，1,2-二氯乙烷溶剂会汽化。

七、思考题

1. 本实验中反应器持液体积为 2.7mL，水相物料和有机相物料流速分别为 2mL/min 和 2.5mL/min 时，反应停留时间如何计算？碱/膦/醛摩尔比如何计算？

2. 如果本实验将原料 4-硝基苯甲醛改为苯甲醛，反应是否更容易发生？

3．如果将本实验配制的水相物料和有机相物料直接在烧杯中混合，轻摇，静置后分层，红色出现在上层还是下层？解释现象。

4．根据实验现象思考不同实验参数对反应有影响的原因。

参考文献

[1] Wittig V G，Geissler G. Zur reaktionsweise des pentaphenyl-phosphors und einiger derivate. Justus Liebigs Ann Chem，1953，580（1）：44-57.

[2] Skelton V，Greenway G M，Haswell S J，et al. The preparation of a series of nitrostilbene ester compounds using micro reactor technology，Analyst，2001，126（1）：7-10.

实验二

取代反应——芳环卤素取代和碳负离子的合成应用

一、实验目的

1. 了解邻对位活化的苯环卤素取代反应机理。
2. 了解活性亚甲基化合物形成碳负离子作为亲核试剂的过程。
3. 熟悉心形微通道反应器的基本操作。
4. 学习并熟悉连续流技术中关于停留时间的计算。

二、实验原理

1. 活性亚甲基化合物形成碳负离子作为亲核试剂

乙酰乙酸乙酯或丙二酸酯类化合物的亚甲基由于受到碳原子两边酮羰基的吸电子作用而活化，亚甲基上的氢原子带有一定酸性，易和碱作用形成碳负离子，并以烯醇共振的形式存在。本实验中所用到的原料氰基乙酸乙酯，具有类似的结构，反应历程如图 2-1 所示。

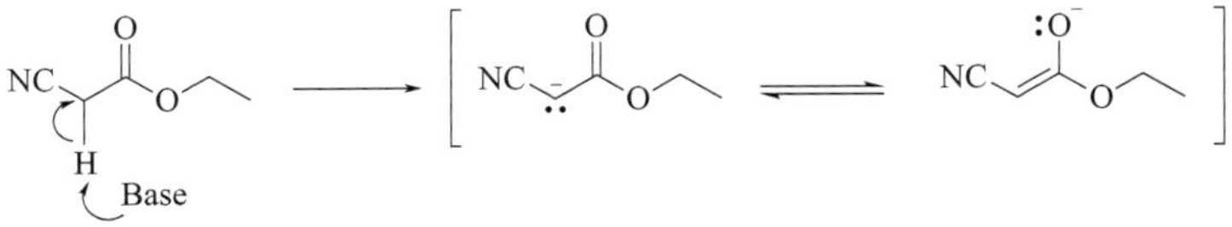

图 2-1　氰基乙酸乙酯活化反应

乙酰乙酸乙酯或丙二酸酯类化合物形成碳负离子后可与卤代烃等底物进行取代反应，所得产物进一步水解可得到甲基酮类化合物或羧酸类化合物，实现碳链的增长，是有机合成领域重要的合成方法。

2. 苯环上的卤素取代反应

卤代烷烃中的碳原子为 sp^3 杂化，易与亲核试剂发生取代反应，比较典型的应用为醇羟基负离子与卤代烷烃通过 Williamson 合成法制备醚类化合物。卤代苯类化合物属于卤代烯烃，由于碳原子为 sp^2 杂化，碳卤键的键能较大，常规条件下与亲核试剂难以发生取代反应。但当苯环的邻对位上有比较强的吸电子基团时，苯环上的电子云密度降低，在共轭效应和诱导效应作用下卤原子被活化，更容易与亲核试剂发生取代反应。生成的产物分子中的次甲基由于同时受到氰基、酯基和苯环的活化，酸性更强，立即与反应体系中的碱经过质子平衡以负离子形式存在，反应历程如图 2-2 所示。

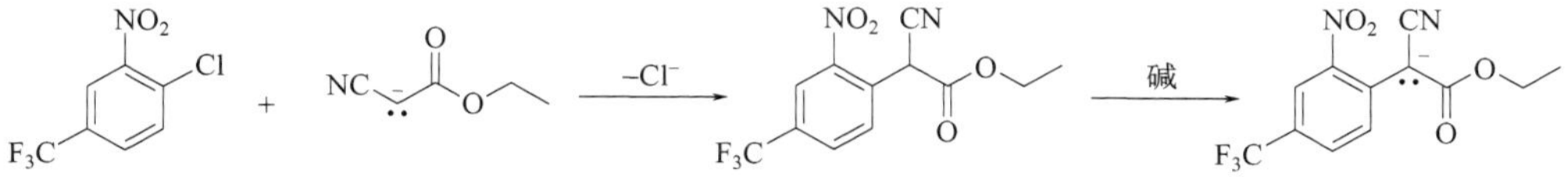

NO_2 Cl F_3C + NC O O —$-Cl^-$→ NO_2 CN O O F_3C —碱→ NO_2 CN O O F_3C

图 2-2　4-氯-3-硝基三氟甲苯的卤素取代反应

三、实验仪器和试剂

1. 仪器

心形微通道反应器，高效液相色谱仪。

2. 试剂

4-氯-3-硝基三氟甲苯，氰基乙酸乙酯，1,8-二氮杂环［5.4.0］十一碳-7-烯（DBU），*N*,*N*-二甲基甲酰胺（DMF），无水乙醇。

四、实验步骤

1. 物料配制

（1）物料 1 的配制：4.52g（20mmol）4-氯-3-硝基三氟甲苯和 2.48g（22mmol）氰基乙酸乙酯溶解于 100mL DMF 中。

（2）物料 2 的配制：6.08g（40mmol）DBU 溶解于 100mL DMF 中。

2. 仪器检查和校准

（1）打开反应器电源，检查设备，确认软硬件通信连接正常。

（2）将物料 1（20mL）和物料 2（20mL）分别装入左右两个注射器中，置换反应器中的乙醇，清洗时间 3～5min。

（3）通过秒表和量筒，分别校准左右两个注射泵流速。如流速不准确，可通过在软件中设置更改注射器的直径进行调节。

3. 开始反应

（1）将两股物料分别装入相应的注射泵中。

（2）在换热器操作界面设定相应的温度并点击运行。

（3）开启两台注射泵分别将物料 1 和物料 2 两股物料输送进反应模块中。

（4）待物料流速、反应温度、反应路压力均已稳定后，计停留时间。

（5）在 3～5 倍停留时间后，观察模块中的实验现象（反应物料为无色，开始反应时物料由无色变为红色，随反应进行，物料由红色变为红黑色）。

（6）变换物料 1 流速、物料 2 流速重复进行实验，相关数据记录在表 2-1 中。

表 2-1　实验参数记录

实验序号	物料 1 流速 /(mL/min)	物料 2 流速 /(mL/min)	反应温度 /℃	停留时间 /s	实验现象
1					
2					
3					
4					
5					
6					
7					
8					
9					
10					

4. 停止反应

（1）在换热器操作界面将温度设定为室温并运行。

（2）停止注射泵进料，将注射泵内的物料均更换为 DMF。

（3）开启两台注射泵将 DMF 输送进反应模块进行清洗。

（4）在 3～5 倍停留时间后，将注射泵中的物料均更换为无水乙醇。

（5）开启两台注射泵将乙醇输送进反应模块进行置换。

（6）在 3～5 倍停留时间后，停止注射泵和换热器的运行。

五、样品分析检测

采用高效液相色谱归一化法进行测定，分析条件为色谱柱 Phenomenex C_{18}（100mm×4.6mm，3μm），流动相为乙腈：水（0.5%乙酸）（7：3，体积比），检测波长为 240nm，柱温为 40℃，流速为 1.5mL/min。

六、注意事项

1. 防止反应器中物料冻结。

2. 未调节反应体系压力时，不能将反应温度设定至溶剂沸点以上。

3. 完成实验后需要进行溶剂清洗操作。

4. 可依据实验条件（两股物料进料流速均为 1.5mL/min，反应温度 40℃）制备约 100mL 取代反应液，供实验三氧化反应实验使用。

七、思考题

1. 请解释反应物料从无色转变为红色所代表的具体化学过程？

2. 请思考 DBU 的用量调整为 1 当量对反应有何影响？请简述原因。

3. 氯苯在相同条件下能否发生上述取代反应？请简述原因。

参考文献

［1］ 苏叶华，史界平，陆建鑫，等．一种异噁唑类化合物及其中间体的制备方法：CN105712944A，2016-06-29.

［2］ 苏叶华，史界平，陆建鑫，等．一种羧酸的制备方法：CN105646120A，2016-06-08.

［3］ Clark J H. Aromatic fluorination. New York：CRC Press，2018.

实验三
氧化反应——2-硝基-4-三氟甲基苯甲酸的制备

一、实验目的

1. 熟悉苯环上引入羧基的常规方法。
2. 理解通过氧化反应制备2-硝基-4-三氟甲基苯甲酸的过程。
3. 进一步熟悉心形微通道反应器的基本操作。
4. 熟悉双氧水的理化性质及其在微反应器上的使用。
5. 学习并熟悉高效液相色谱仪的使用及数据处理。

二、实验原理

苯环上引入羧基的常规方法主要包括甲基氧化和取代两大类。其中甲基氧化主要有高锰酸钾氧化和硝硫混酸氧化等方法，高锰酸钾氧化会产生比较多的固体废物；硝硫混酸氧化工艺中虽然可以进行混酸套用，但还是会有废酸及氮氧化物产生，对环境不是特别友好。取代方法主要包括用丁基锂等有机金属试剂与卤代苯反应生成苯基负离子，再与干冰反应形成羧基；还可以用氰化物与卤代苯进行取代反应在苯环上引入氰基，再进行水解形成羧基，但也存在反应条件苛刻或是试剂毒性较大等挑战。α-氰基苯乙酸乙酯在碱性条件下可被双氧水高效氧化成苯甲酸，这是在苯环上引入羧基的新方法，反应机理如图3-1所示。

在实验二取代反应实验中，通过4-氯-3-硝基三氟甲苯与氰基乙酸乙酯反应制备了α-氰基-2-硝基-4-三氟甲基苯乙酸乙酯，本实验中该取代反应产物在

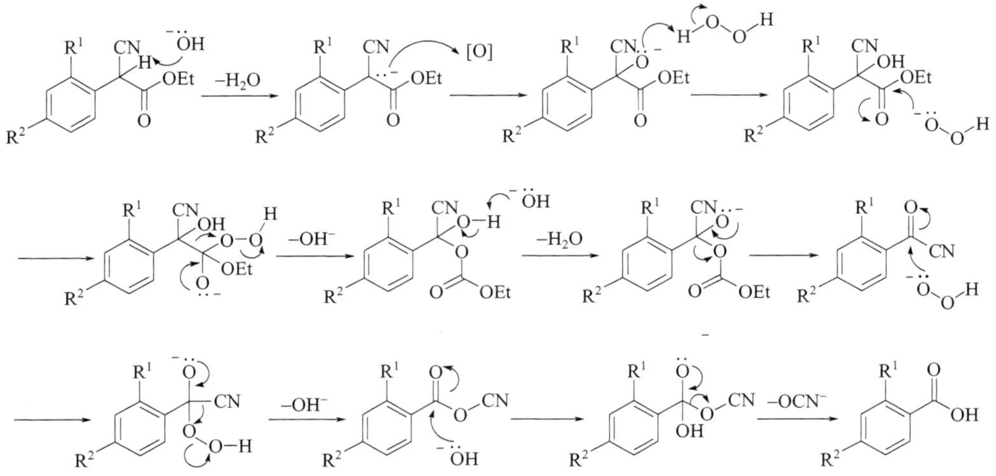

图 3-1 α-氰基苯乙酸乙酯氧化反应机理

碱性条件下与双氧水反应可高效地被氧化为取代苯甲酸，反应历程如图 3-2 所示。

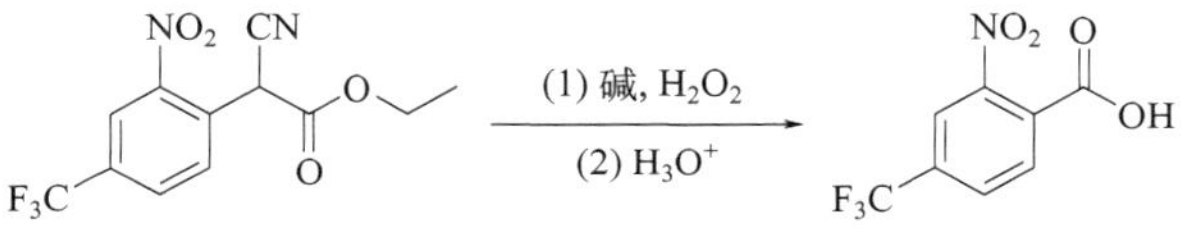

图 3-2 2-硝基-4-三氟甲基苯甲酸的制备

整个反应过程原料转化率高、产物选择性好，反应条件易于实现，结合连续流反应过程在传热、传质和本质安全等方面的优势，可进行邻对位吸电子基团取代的苯甲酸的高效合成。

三、实验仪器和试剂

1. 仪器

心形微通道反应器，高效液相色谱仪。

2. 试剂

4-氯-3-硝基三氟甲苯，氰基乙酸乙酯，1,8-二氮杂环［5.4.0］十一碳-7-烯（DBU），*N*,*N*-二甲基甲酰胺（DMF），30%双氧水，5%盐酸，乙腈。

四、实验步骤

1. 物料配制

（1）有机相溶液配制（物料 1）

① 连续流制备：实验二中取代反应按照实验条件（两股物料进料流速均为 1.5mL/min，反应温度 40℃）制备的 100mL 反应液，补加 1.52g（10mmol）DBU，混合均匀。

② 间歇法制备：2.26g（10mmol）4-氯-3-硝基三氟甲苯和 1.24g（11mmol）氰基乙酸乙酯溶解于 100mL DMF 中，加入 4.56g（30mmol）DBU，室温搅拌半小时。

（2）水相溶液配制（物料 2）：量取 100mL 30%双氧水。

通过氧化反应制备 2-硝基-4-三氟甲基苯甲酸的反应过程与温度、流速（停留时间）、双氧水与底物摩尔比、双氧水浓度、反应体系 pH 值等因素密切相关。本实验可在以下范围内自行选择考查因素：反应温度梯度（5～70℃）、流速梯度（1～4g/mL）、双氧水浓度梯度（10%～30%）、双氧水与底物摩尔比（≥3）。上述物料配制为约 5 个反应条件下的参考，在考察不同条件时，需要根据具体条件选择进行溶液配制，记录过程和用量。

2. 仪器检查和校准

（1）确认设备配置与实验要求是否一致，打开换热器与反应器电源，泵入水进行溶剂置换，冲洗 3～5min，并检查是否漏液。

（2）如果注射泵所用的注射器容量有调整，可在操作平板中设置参数。

3. 开始反应

（1）将两股物料分别装入相应的注射泵中。

（2）在换热器操作界面设定相应的温度并点击运行。

（3）待温度稳定后，开启两台注射泵分别将原料液（物料 1）和双氧水（物料 2）两股物料输送进反应模块中。

（4）记录停留时间并观察模块中的实验现象，在 3～5 倍停留时间后，取样，取样瓶中提前加入 1 滴 5%稀盐酸，反应液取样量为 2 滴，混合均匀后样品用于分析检测（其后处理及检测方法具体见第五部分）。

根据考察条件的不同，循环此步骤。相关数据记录在表 3-1 中。

表 3-1 实验参数记录

实验序号	双氧水/DBU/底物摩尔比	水相流速/(mL/min)	有机相流速/(mL/min)	反应温度/℃	停留时间/s	实验现象
1						
2						
3						
4						
5						
6						
7						
8						
9						
10						

4. 停止反应

(1) 在换热器操作界面将温度设定为室温并运行。

(2) 停止注射泵进料，将原料注射泵内的物料更换为 DMF，将双氧水注射泵内的物料更换为水。

(3) 开启两台注射泵将 DMF 和水输送进反应模块进行清洗。

(4) 在 3～5 倍停留时间后，将注射泵中的物料均更换为乙醇。

(5) 开启两台注射泵将乙醇输送进反应模块进行清洗。

(6) 在 3～5 倍停留时间后，停止注射泵和换热器的运行。

五、样品分析检测

1. 样品后处理

(1) 取样瓶中已酸化的反应液加入 1mL 乙腈稀释。

(2) 稀释后的溶液可直接用于液相色谱检测。

2. 样品检测

采用高效液相色谱归一法进行测定，分析条件为色谱柱 TSKgel ODS-80TS (150mm×4.6mm，5μm)，流动相为乙腈：水（0.5%磷酸）=7：3（体积比），检测波长为 240nm，柱温为 30℃，流速为 1.0mL/min。

六、注意事项

1. 实验过程中取样时需要及时用稀盐酸淬灭反应，使分析结果更准确。

2. 双氧水在70℃以上分解速率加快，故实验温度不可超过70℃。

3. 注射泵输送水至反应模块时，严禁将实验温度设定至0℃以下。

七、思考题

1. 通过反应方程式配平思考氧化反应的副产物以及双氧水的理论用量。

2. 停车流程中为什么要先用水置换双氧水，再用乙醇置换？

3. 根据实验现象思考反应液颜色变化与反应转化的关系，并根据实验数据思考不同条件对反应产生影响的原因。

参考文献

[1] Su Y H，Shi J P，Lu J X，et al. Preparative method for carboxylic acids：US10167246B2 2019-01-01.

[2] Su Y H，Shi J P，Lu J X，et al. Preparation method for isoxazole compound and intermediate thereof：WO2016086722A1 2016-06-09.

实验四
氧化反应——TEMPO 氧化苯甲醇制备苯甲醛

一、实验目的

1. 掌握 TEMPO 氧化反应机理。
2. 理解反应条件对苯甲醇氧化选择性的影响。
3. 学习并熟悉气相色谱仪的使用及数据处理。

二、实验原理

1. TEMPO 氧化反应机理

2,2,6,6-四甲基哌啶-1-氧自由基（TEMPO）可以经过单电子氧化过程转化为相应的氮羰基阳离子，这是一个具有很强氧化性的氧化剂，能够在温和的条件下将醇快速氧化为相应的醛或酮。氮羰基阳离子历程是普遍认同的 TEMPO 催化醇氧化的机理，它合理解释了 TEMPO 催化醇氧化的高活性的原因；正是由于这个非自由基机理，一定程度上避免了产物醛继续转化成羧酸的过度氧化现象的发生，使得伯醇氧化表现出较高的生成醛选择性。在反应过程中，pH 值会影响 TEMPO 的催化性能，碱性更有利于 TEMPO 选择性催化氧化伯醇等位阻小的醇。反应机理见图 4-1。

1987 年 Anelli 发现使用溴盐作为助催化剂时，TEMPO 衍生物能够非常快速地催化次氯酸盐对醇的氧化，产物醛或酮的选择性非常高。在整个催化循环过程中，ClO^- 可以首先将 Br^- 氧化为 BrO^-，BrO^- 将 TEMPOH（或 TEMPO）氧化为 $TEMPO^+$，随后 $TEMPO^+$ 将醇氧化为相应的醛或酮，$TEMPO^+$ 则被还

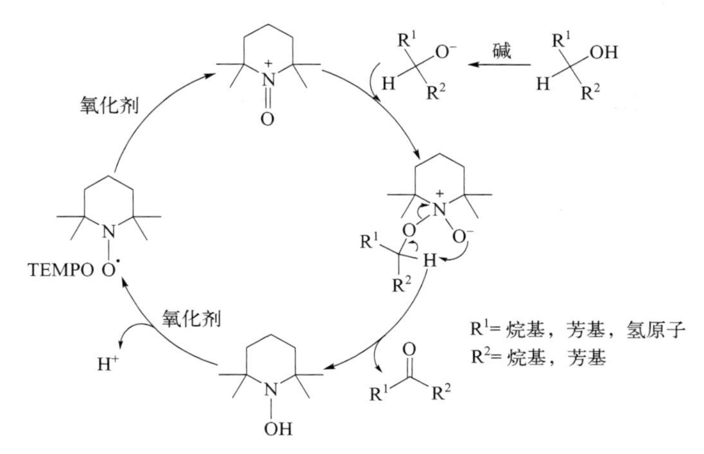

图 4-1　碱性条件下 TEMPO 催化醇生成醛酮

原为 TEMPOH，生成的 TEMPOH 重新被 BrO^- 氧化为 $TEMPO^+$，反应机理见图 4-2。反应过程中加入溴盐可提高反应速率，伯、仲醇都会被选择性地快速氧化为相应的醛或酮。

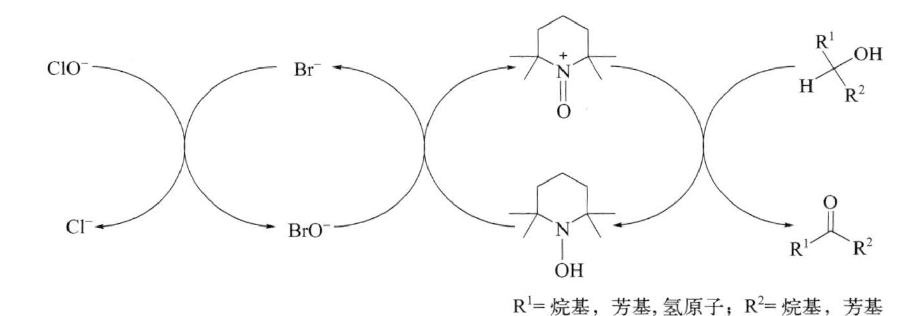

图 4-2　溴盐参与的 TEMPO 催化次氯酸钠氧化醇生成醛酮

2. 苯甲醇氧化制备苯甲醛反应方程式

$$\text{PhCH}_2\text{OH} \xrightarrow[n\text{-Bu}_4\text{NBr，DCM，H}_2\text{O}]{\text{TEMPO，NaClO (aq)}} \text{PhCHO}$$

三、实验仪器和试剂

1. 仪器

心形微通道反应器，气相色谱仪。

2. 试剂

苯甲醇，四丁基溴化铵，2,2,6,6-四甲基哌啶-1-氧自由基（TEMPO），次氯酸钠溶液（10%），二氯甲烷（DCM），无水乙醇。

四、实验步骤

1. 物料配制

（1）有机溶液的配制（物料 1）：称取 4.54g（42mmol）苯甲醇加入 100mL 锥形瓶中，加入少量二氯甲烷后，再加入 0.65g（4.2mmol）TEMPO，摇匀后补充二氯甲烷至溶液总体积为 42mL。

（2）无机溶液的配制（物料 2）：称取 34.4g 的含量为 10%的次氯酸钠溶液加入 100mL 烧杯中，加入 1.49g（4.62mmol）四丁基溴化铵，搅拌溶解，摇匀后补加去离子水至溶液总体积为 30mL。

苯甲醇的氧化反应与温度、流速（停留时间）、次氯酸钠浓度及用量、TEMPO 用量、四丁基溴化铵用量等因素密切相关。本实验要求每实验组至少考察 4 个因素，请在以下范围内自行选择考察因素：反应温度梯度（5～30℃）、流速（0.5～2mL/min）、次氯酸钠用量（0.9～2.0 当量）、TEMPO 用量（0.01～0.2 当量）、四丁基溴化铵用量（0.01～0.2 当量）。上述物料配制仅为一个反应条件下的参考，在考察不同条件时，需要根据具体条件选择配制溶液，记录过程和用量。

2. 仪器检查和校准

确认设备配置与实验要求是否一致，设定注射器内径，打开换热器与反应器电源，使用二氯甲烷及去离子水置换反应器中的乙醇（压力稳定后 5 倍停留时间），清洗时间 3～5min。同时通过秒表和注射器刻度，初步校准流量。

3. 开始反应

（1）将两股物料分别装入相应的注射泵中，设定注射泵流速，设定相应的温度并点击运行，将物料通入连续流微反应器中，并通过秒表和注射器刻度校准流量。

（2）待物料流速、反应温度、反应路压力均已稳定后，计停留时间。

（3）记录停留时间，4 倍停留时间后取样，取样量 0.5～2mL；观察模块中

反应现象并用冰的 Na_2SO_3 水溶液淬灭流出的反应液，取有机相监测。样品用于分析检测（其后处理及检测方法具体见第五部分）。

（4）根据考察条件的不同，可以调整有机相和无机相流速、反应温度等反应条件，循环（2）、（3）步骤，相关数据记录在表 4-1 中。

表 4-1　实验参数记录

实验序号	有机相流速/(mL/min)	无机相流速/(mL/min)	苯甲醇/次氯酸钠/TEMPO/四丁基溴化铵摩尔比	反应温度/℃	停留时间/s	实验现象
1						
2						
3						
4						
5						
6						
7						
8						
9						
10						

4. 停止反应

（1）在换热器操作界面将温度设定为室温并运行。

（2）停止注射泵进料，将注射泵内的物料分别更换为二氯甲烷和水。

（3）开启两台注射泵分别将二氯甲烷和水输送进反应模块进行清洗。

（4）在 3～5 倍停留时间后，将注射泵中的物料均更换为乙醇。

（5）开启两台注射泵将乙醇输送进反应模块以低流速（1mL/min）进行清洗 10min。

五、样品分析检测

1. 样品后处理

取出的样品加冰的 Na_2SO_3 水溶液 1mL 淬灭反应，用 1mL 二氯甲烷萃取反应液。取 2μL 萃取液利用气相色谱法进行纯度测定。

2. 样品检测

利用气相色谱法进行检测时，将柱温箱温度在 150℃保持 1min，然后以 15℃/min 升温至 240℃，保持 5min。在此条件下首先分析原料苯甲醇（进样量 1μL）的出峰时间，有条件的话将目标产物苯甲醛及过度氧化副产物苯甲酸等化后物进行检测，然后分析不同条件下得到的样品。分析结果采用面积归一法计算含量。

六、注意事项

1. 反应温度不能设置过低，防止水相冻结或析出固体损坏反应模块。

2. 二氯甲烷沸点低，未调节反应体系压力时，不能将反应温度设定至沸点以上。

3. 完成实验后需要进行溶剂清洗操作。

七、思考题

1. 某些情况下，需要在次氯酸钠溶液中加入碳酸氢钠，试分析原因。

2. 为加快氧化速率，需要在反应体系中引入溴负离子，请问还可以使用哪些试剂？分别如何进料进入该氧化体系中呢？

3. 如果使用苯甲醇一步氧化成苯甲酸，请问需要使用什么试剂作氧化剂？

参考文献

[1] Semmelhack E M F, Schmid C R, Cortes D A. Mechanism of the oxidation of alcohols by 2,2,6,6-tetramethylpiperidine nitrosonium cation, Tetrahedron Letters, 1986, 27 (10): 1119-1122.

[2] Anelli P L, Biffi C, Montanari F, et al. Fast and selective oxidation of primary alcohols to aldehydes or to carboxylic acids and of secondary alcohols to ketones mediated by oxoammonium salts under two-phase conditions, Journal of Organic Chemistry, 1987, 52 (12): 2559-2562.

实验五
氧化反应——黄酮、黄酮醇和异黄酮类天然产物的制备

一、实验目的

1. 掌握碘介导的二氢黄酮氧化反应机理。
2. 理解反应条件对黄酮、黄酮醇和异黄酮类天然产物产率的影响。
3. 学习并熟悉心形微通道反应器。
4. 学习并熟悉高效液相色谱仪的使用及数据处理。

二、实验原理

黄酮类化合物是许多中草药的有效成分，并且由于其独特的化学结构，对哺乳动物和其他类型的细胞具有许多重要的生理和生化作用。

以二氢黄酮为原料通过脱氢氧化反应合成相应的黄酮类化合物是制备黄酮类化合物的一种重要方法，其中又以碘代脱氢最为常用。但是，在卤代脱氢过程中，使用的刺激性溶剂会对操作人员产生较大危害，对环境也不够友好。而且，传统工艺的反应时间长达 8～20 小时，耗时耗能。本实验采用连续流微通道反应技术进行黄酮类化合物合成工艺的优化研究，分别考察了在常压和背压下，不同反应温度、反应流速、反应摩尔比和循环延长反应时间等对产物收率和原料转化率的影响，并研究了碘介导的二氢黄酮类化合物的氧化反应，成功完成了多种黄酮类天然产物的合成。反应式和反应机理如图 5-1 所示。

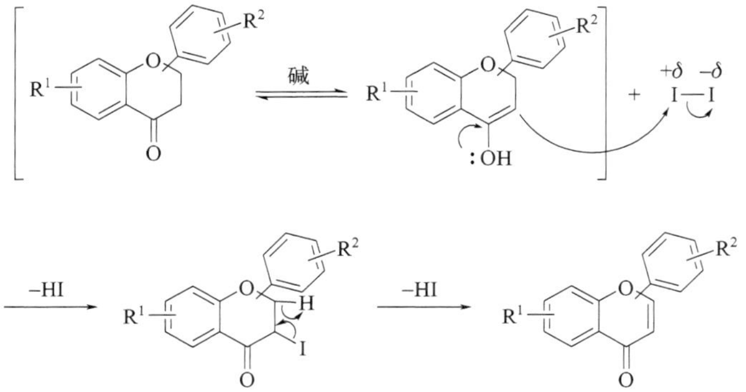

图 5-1　二氢黄酮的氧化反应机理

三、实验仪器和试剂

1. 仪器

心形微通道反应器，高效液相色谱仪。

2. 试剂

橙皮苷（又称二氢黄酮苷），地奥司明，碘，吡啶，二甲基亚砜（DMSO），丙酮。

四、实验步骤

1. 物料配制

（1）物料 1：以地奥司明的制备为例，称取橙皮苷（6.1g，10mmol），用 100mL 吡啶溶解，室温搅拌 30min，备用。

（2）物料 2：称取碘（3.8g，15.0mmol），用 40mL 吡啶溶解，备用。

碘介导的二氢黄酮氧化反应与反应物摩尔比、反应温度、反应物浓度、反应时间和体积流速 4 个因素密切相关。本实验要求每实验组至少考察 4 个因素，请在以下范围内自行选择考察因素：反应温度梯度（110～170℃）、流速（0.5～2mL/min）、碘用量（1.0～2.0 当量）、背压压力（0～10bar）。上述物料配制仅为一个反应条件下的参考，在考察不同条件时，需要根据具体条件选择进行配制溶液，记录过程和用量。

2. 仪器检查和校准

（1）确认设备配置与实验要求是否一致，设定注射器内径。

（2）打开换热器与反应器电源，使用二氯甲烷及去离子水置换反应器中的乙醇（压力稳定后5倍停留时间），清洗时间3～5min。同时通过秒表和注射器刻度初步校准流量。

（3）准备好相关应急和防护设备（如二氧化碳灭火器，个人保护装备等）。

3. 开始反应

（1）将物料分别装入相应的注射泵中，设定注射泵流速，设定相应的温度并点击运行，将其通入连续流微通道反应器，并通过秒表和注射器刻度校准流量。

（2）在预热区和反应区加装恒温循环换热器装置，以导热油作为换热介质。

（3）在出口接入背压阀进行背压，通过增加体系压力来扩宽反应温度操作范围。

（4）待预热区和反应区达到反应温度后，调整流速，使流量与反应物料的摩尔比一致。

（5）在温度和流速稳定后，将反应液以设定的流量泵送至微反应器系统中。先在物料预热区进行混合及预热，后进入反应区，在微通道模块中反应。

（6）待物料流速、反应温度、反应压力均已稳定后，计停留时间。

（7）观察模块中反应现象，记录停留时间。4倍停留时间后取样，取样量0.5～2mL，并将反应液用1mol/L的盐酸调节pH值至中性，经DMSO稀释定容后采用高效液相色谱（HPLC）进行分析测定。

（8）根据考察条件的不同，可以调整流速、反应温度等反应条件，循环（3）、（7）步骤，相关数据记录在表5-1中。

表5-1　实验参数记录

实验序号	摩尔比	背压压力/bar	总流速/(mL/min)	反应温度/℃	停留时间/s	实验现象
1						
2						
3						
4						
5						
6						

续表

实验序号	摩尔比	背压压力/bar	总流速/(mL/min)	反应温度/℃	停留时间/s	实验现象
7						
8						
9						
10						

4. 停止反应

（1）停止反应溶液的通入。

（2）将温度设置为25℃。

（3）温度降至40℃后，用二氯甲烷冲洗反应器10min左右。

（4）最后用乙醇冲洗反应器10min左右。清洗柱塞杆（使用pH试纸检测）。

（5）关闭换热器电源，关闭泵和反应器的电源，停止实验。

五、样品分析检测

1. 样品后处理

（1）减压蒸馏除去吡啶，然后用3mol/L盐酸调节反应液pH值至5左右，析出固体即为粗产品。

（2）过滤固体得粗产物，后使用丙酮重结晶即可得到目标化合物。

2. 样品检测

采用高效液相色谱归一法进行测定，分析条件为色谱柱Phenomenex C_{18}（100mm×4.6mm，3μm），流动相为水-甲醇-冰醋酸-乙腈（66∶28∶6∶2），检测波长为275nm，柱温为40℃，流速为1.0mL/min。

六、注意事项

1. 二氯甲烷对密封圈有溶胀效果，不应长时间接触。
2. 二氯甲烷沸点低，不要在高温下泵入二氯甲烷，防止汽化。

七、思考题

1. 相比于传统间歇釜，连续流微通道反应器具有哪些优势？
2. 停车流程中为什么要先用二氯甲烷置换反应液，再用乙醇置换？
3. 根据实验数据思考不同条件对反应影响的原因。

参考文献

[1] Sahu N, Soni D, Chandrashekhar B, et al. Synthesis of silver nanoparticles using flavonoids: Hesperidin, naringin and diosmin, and their antibacterial effects and cytotoxicity. International Nano Letters, 2016, 6 (3): 173-181.

[2] Cossar P J, Hizartzidis L, Simone M I, et al. The expanding utility of continuous flow hydrogenation. Qrganic & Biomoleculr Chemistry, 2015, 13 (26): 7119-7130.

[3] Yuan W Q, Zhou S Q, Jiang Y Y, et al. Organocatalyzed styrene epoxidation accelerated by continuous-flow reactor. Journal of Flow Chemistry, 2020, 10 (1): 227-234.

[4] D'Attoma J, Camara T, Brun P L, et al. Efficient transposition of the sandmeyer reaction from batch to continuous process. Organic Proces Research & Development, 2017. 21 (1): 44-51.

[5] Brandt J C, Wirth T. Controlling hazardous chemicals in microreactors: Synthesis with iodine azide. Beilstein Journal of Organic Chemistry, 2009, 5: 30.

[6] 陈家宝，陈建军，熊霜雨，等．连续流微通道技术合成黄酮类天然产物．化学通报，2021，84 (9)：964.

实验六
氧化反应——硫醚光催化氧化制备亚砜

一、实验目的

1. 掌握硫醚光催化氧化的反应机理。
2. 掌握影响亚砜收率的主要因素。
3. 学习并熟悉光催化连续流心形微通道反应器的使用。
4. 学习并熟悉气相色谱仪的使用及数据处理。

二、实验原理

亚砜是一类重要的含硫化合物，广泛存在于多种药物中，展现出丰富的药理活性。例如中枢神经兴奋药物莫达非尼、非甾体抗炎药物舒林酸、抗心衰药氟司喹南等药物中都含有亚砜结构。亚砜通常通过硫醚的氧化反应来合成。光催化分子氧活化是一种绿色环保的氧化新方法，近年来受到了很大的关注。空气中的氧气在光催化剂的活化下被激发为高活性的单线态氧，单线态氧可将硫醚高选择性地氧化为亚砜，反应方程式见图 6-1。

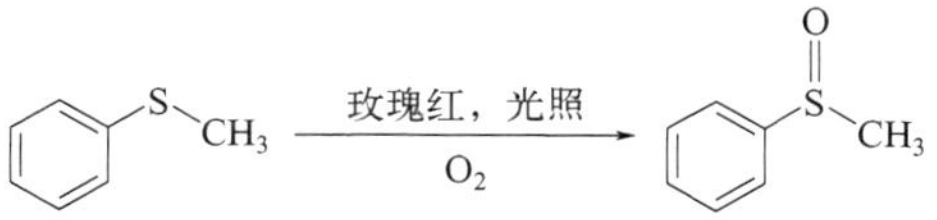

$$C_6H_5{-}S{-}CH_3 \xrightarrow[O_2]{\text{玫瑰红，光照}} C_6H_5{-}S(=O){-}CH_3$$

图 6-1　硫醚光催化氧化反应方程式

该反应的机理可能是光敏剂玫瑰红（rose bengal）首先被可见光激发，随后经能量转移（ET）将分子氧活化为单线态氧（$^1O_2$）；硫醚与单线态氧反应得到过氧硫醚自由基，进而与另一分子硫醚反应得到过氧化中间体，随后过氧键断裂生成亚砜。反应机理如图 6-2 所示。

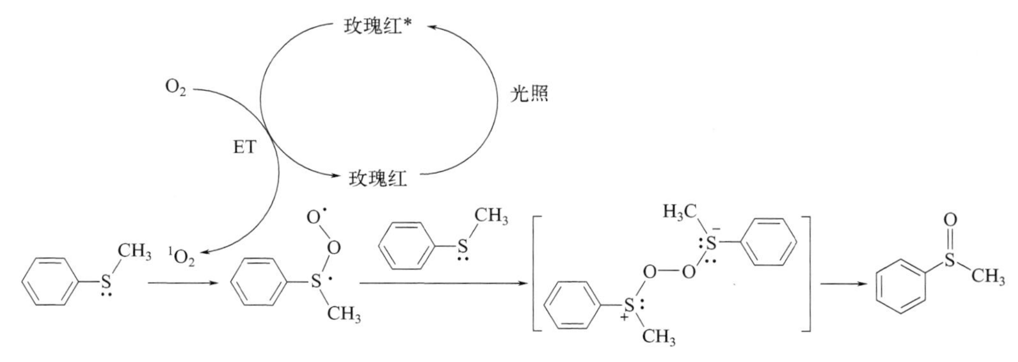

图 6-2　硫醚光催化氧化反应机理

三、实验仪器和试剂

1. 仪器

光催化心形微通道反应器系统，气相色谱仪。

2. 试剂

苯基甲基硫醚，玫瑰红（rose bengal），无水乙醇，氧气。

四、实验步骤

1. 物料配制

称取甲基苯硫醚（3.0g，24.1mmol）、玫瑰红（0.06g，6.0mmol），加 100mL 无水乙醇溶解后备用。硫醚的光催化氧化与反应温度、光照波长、底物和氧气的摩尔比、停留时间等因素密切相关。本实验要求每实验组至少考察 4 个因素，请在以下范围内自行选择考察因素：反应温度梯度（0～50℃）、光照波长梯度（350～650nm）、停留时间梯度（5～15min）、底物和氧气的摩尔比（1～5）。上述溶液配制仅为一个反应条件下的参考，在考察不同条件时，需要根据具体条件选择配制溶液，记录过程和用量。

2. 仪器检查和校准

（1）确认设备配置与实验要求是否一致，打开换热器与反应器电源，排出泵头空气，泵入乙醇，检查是否漏液。

（2）待压力稳定后，同时通过秒表和天平，初步校准流量。

（3）打开氧气钢瓶减压阀，通过气体进料口通入氧气，检查气体进料是否正常。

（4）打开 LED 光照系统，切换各波长，检查光照系统是否正常。

3. 开始反应

（1）设定反应液流速，例如 1mL/min，将其通入连续流微反应器，并通过秒表和天平校准流量。

（2）设置反应温度，例如设置反应温度为 25℃。在温度和压力稳定后，使用天平校准泵流速。

（3）待温度达到设置值后，根据所需摩尔比，开始设置氧气的流速，例如 1mL/min，将其通入连续流微反应器。

（4）开启 LED 光照系统，并设置所需波长，例如 400nm。

（5）计算样品停留时间，5 倍停留时间后取样，取样量约 0.5mL，样品用于分析检测。

根据考察条件的不同，循环此步骤，相关数据记录在表 6-1 中。

样品停留时间＝反应器通道体积(2.7mL)/[液体流速(mL/min)＋气体流速(mL/min)]。

表 6-1　实验参数记录

实验序号	硫醚溶液流速/(mL/min)	氧气相流速/(mL/min)	氧气/硫醚摩尔比	反应温度/℃	停留时间/s	光照波长/nm	实验现象
1							
2							
3							
4							
5							
6							
7							
8							

续表

实验序号	硫醚溶液流速/(mL/min)	氧气相流速/(mL/min)	氧气/硫醚摩尔比	反应温度/℃	停留时间/s	光照波长/nm	实验现象
9							
10							

4. 停止反应

（1）停止氧气的通入。

（2）将反应液切换为乙醇，用乙醇继续冲洗反应器约 10min。

（3）将温度设置为 25℃。

（4）用注射器清洗柱塞杆。

（5）关闭换热器电源，关闭泵和反应器的电源，停止实验。

五、样品分析检测

样品过 0.22μm 微孔滤膜后，取 5μL 用气相色谱仪进行纯度测定。利用气相色谱进行检测时，将柱温箱温度由 50℃以 15℃/min 升温至 170℃，保持 2min，再以 25℃/min 升温至 280℃，分流比调为 29∶1。分析结果采用面积归一法计算含量。

六、注意事项

1. 本实验有氧气参与，需保持良好通风，避免明火。电器需使用防爆插座。

2. 本实验需使用带压氧气钢瓶，实验中需随时注意反应系统的压力变化，避免超压。

七、思考题

1. 连续流光催化反应相较于釜式光催化反应有哪些独特的优势？

2. 分析在实验中可能影响反应速率和产物选择性的因素有哪些，并区分影响反应的主要因素和次要因素。

3. 如果要进一步优化反应，你会怎样设计实验？请说明你的设计思路和理由。

参考文献

[1] Gu X, Li X, Chai Y, et al. A simple metal-free catalytic sulfoxidation under visible light and air. Green Chemistry, 2013, 15 (2): 357-361.

[2] Gao Y, Xu H, Zhang S, et al. Visible-light photocatalytic aerobic oxidation of sulfides to sulfoxides with a perylene diimide photocatalyst. Organic & Biomolecular Chemistry, 2019, 17 (30): 7144-7149.

实验七
硝化反应——单硝基氯苯的制备

一、实验目的

1. 掌握氯苯硝化反应机理。
2. 理解反应条件对硝基氯苯产率及选择性的影响。
3. 学习并熟悉心形微通道反应器。
4. 学习并熟悉气相色谱仪的使用及数据处理。

二、实验原理

单硝基氯苯是染料、农药、医药、橡胶助剂、工程塑料等领域用途广泛的中间体原料。单硝基氯苯一般由氯苯硝化制备，目前工业上主要采用浓硝酸和浓硫酸混合作为硝化试剂进行生产。反应式如图 7-1 所示。

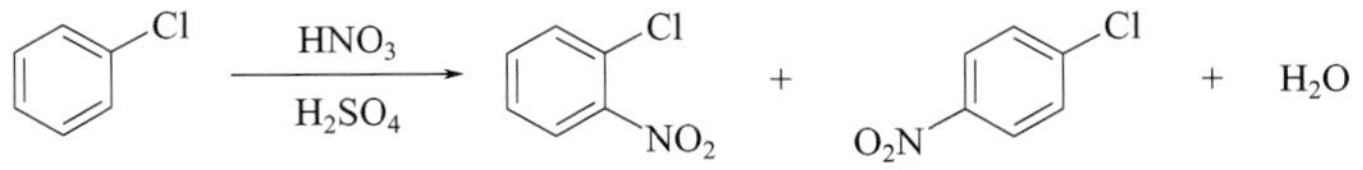

$$\text{C}_6\text{H}_5\text{Cl} \xrightarrow[H_2SO_4]{HNO_3} o\text{-ClC}_6\text{H}_4\text{NO}_2 + p\text{-O}_2\text{NC}_6\text{H}_4\text{Cl} + H_2O$$

图 7-1　氯苯硝化反应

氯苯硝化反应是典型的芳香烃亲电取代反应。反应过程中，硝酸与硫酸混合后形成硝酰阳离子 NO_2^+，硝酰阳离子 NO_2^+ 进攻苯环生成芳基正离子，进而脱去一个质子生成单硝基氯苯。反应机理如图 7-2 所示。

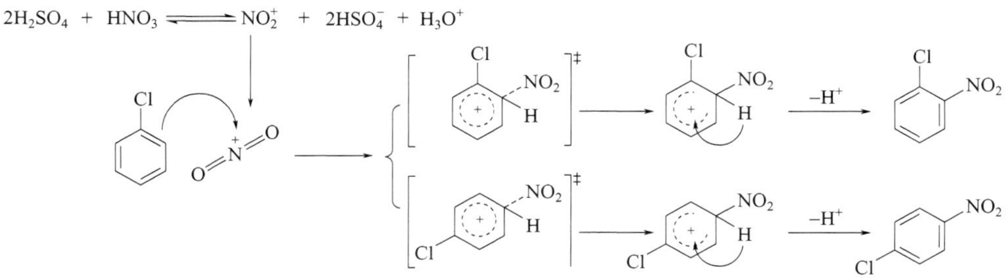

$$2H_2SO_4 + HNO_3 \rightleftharpoons NO_2^+ + 2HSO_4^- + H_3O^+$$

图 7-2　氯苯硝化反应机理

三、实验仪器和试剂

1. 仪器

心形微通道反应器，气相色谱仪。

2. 试剂

氯苯，浓硝酸，浓硫酸，二氯乙烷，乙醇。

四、实验步骤

1. 物料配制

（1）浓硝酸和浓硫酸混酸配制：冰水浴搅拌下，在通风橱中将 40g 98%的浓硫酸缓缓加入 40g 68%的浓硝酸中，配制成浓硝酸/浓硫酸质量比为 1∶1 的混酸溶液（密度 1.61g/mL），冷却后备用。

（2）氯苯溶液配制：取反应物氯苯和溶剂二氯乙烷各 50g 混合，配制成质量比为 1∶1 的氯苯溶液（密度 1.18g/mL）。

2. 仪器检查和校准

（1）打开反应器电源，检查设备，确认软硬件通信连接正常。

（2）将去离子水（20mL）和二氯乙烷（20mL）分别装入左右两个注射器中，充分置换反应器中预留的乙醇，清洗时间 3～5min。

（3）通过秒表和量筒分别校准左右两个注射泵流速。如流速不准确，可通过在软件中设置更改注射器的直径进行调节。

3. 开始反应

（1）将配制好的混酸和氯苯溶液分别装入左右两个注射器中，并更换反应物料的接样瓶。

（2）设置反应器温度，待温度稳定后，按预先设定流速进料。5 倍停留时间后，观察反应器中实验现象，取样 1mL 用于后续分析检测。

（3）更改混酸流速、氯苯溶液流速、反应温度等实验参数重复实验，观察实验现象并取样。相关数据记录在表 7-1 中。

表 7-1　实验参数记录

实验序号	混酸流速/(mL/min)	氯苯溶液流速/(mL/min)	反应温度/℃	停留时间/s	硝酸/氯苯摩尔比	实验现象
1						
2						
3						
4						
5						
6						
7						
8						
9						
10						

4. 停止反应

（1）停止注射泵进料，将反应器温度设置为 25℃。

（2）将两个左右 2 个注射泵内的物料分别更换为水和二氯乙烷，温度低于 40℃，冲洗反应器。

（3）更换反应物料的接样瓶，将注射泵内物料均更换为乙醇，冲洗反应器。

（4）关闭设备电源，处理实验废液。

五、样品分析检测

1. 样品后处理

（1）待所取样品分层后，用胶头滴管将上层有机相吸至另一样品管中。向所取有机相样品中滴加饱和 $NaHCO_3$ 溶液，搅拌后静置，取下层样品待测（$NaHCO_3$ 会和有机相溶解的混酸反应放出 CO_2 气体，须敞口搅拌，不可密闭振荡）。

（2）样品用无水硫酸镁干燥，过 0.22μm 微孔滤膜后进行气相色谱分析。

2. 样品检测

利用气相色谱进行检测，柱温箱温度在 130℃保持 2.5min，然后以 5℃/min 升温至 135℃，20℃/min 升温至 180℃，2.5℃/min 升温至 190℃，20℃/min 升温至 250℃后保持 2min，分流比调为 100∶1，进样量 0.2μL。分析结果采用面积归一法计算含量。

六、注意事项

1. 本实验中使用了浓硝酸和浓硫酸，配制及转移混酸溶液时，建议戴双层丁腈手套，注意防护。

2. 浓硝酸和酒精混合会剧烈放热，导致硝酸迅速分解产生有毒的 NO_2 气体。实验过程中应多次更换反应后物料的接样瓶，切忌接样瓶中同时存在乙醇和硝酸。

3. 实验室存储废液的容器中常含有清洗用的废乙醇，为避免危险，实验废料必须经过饱和 $NaHCO_3$ 溶液处理，去除其中残留混酸后，才可倒入实验室废液存储容器。

4. 本实验所用玻璃反应器持液体积为 2.7mL，建议物料流速 0.5～1.5mL/min，温度 30～70℃。温度过高，会导致溶剂汽化。考虑到混酸在室温时黏度较大，反应时液体流动压力增加，会撑破注射器，存在物料冲出的风险，所以实验温度应高于 30℃。

七、思考题

1. 混酸和氯苯/二氯乙烷溶液流速分别为 1.2mL/min 和 0.6mL/min 时，反应停留时间如何计算？硝酸/氯苯摩尔比如何计算？

2. 样品后处理过程中，为何先取上层样品待用，$NaHCO_3$ 溶液处理后又取下层液体分析？

3. 根据实验现象思考不同实验参数对反应影响的原因。

参考文献

[1] 秦汉锋，陈清，李建昌，等．微通道连续硝化制备 2,4-二硝基氯苯的工艺研究，染料与染色，2021，58（1）：23-27。

[2] 张晓啸，尚振华，张向京．微管反应器中硝基氯苯的连续合成，化工进展，2022，41（9）：5022-5028。

实验八 硝化反应——5-硝基水杨酸的制备

一、实验目的

1. 掌握水杨酸的硝化反应机理。
2. 理解反应条件对5-硝基水杨酸产率的影响。
3. 学习并熟悉心形微通道反应器的使用。
4. 学习并熟悉气相色谱仪的使用及数据处理。

二、实验原理

5-硝基水杨酸是合成治疗慢性结肠炎药物柳氮磺吡啶的活性组分——马沙拉嗪的主要中间体，也是合成染料、颜料等精细化学品的重要中间体，在国内外均具有一定的市场开发前景。5-硝基水杨酸一般由水杨酸硝化制备，反应式如图8-1所示。

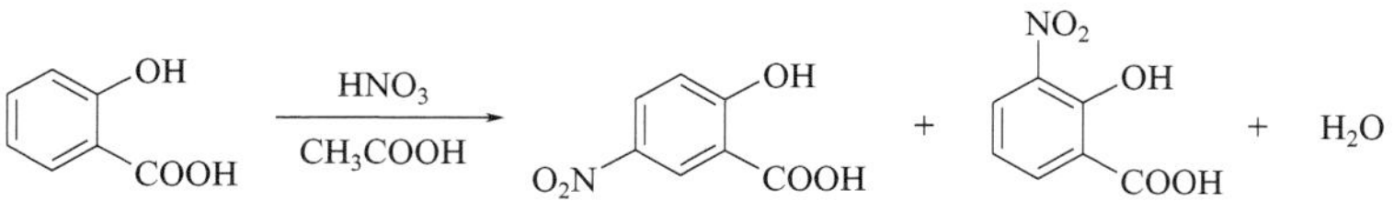

$$\text{水杨酸 (OH, COOH)} \xrightarrow[CH_3COOH]{HNO_3} \text{5-硝基水杨酸 } (O_2N, OH, COOH) + \text{3-硝基水杨酸 } (NO_2, OH, COOH) + H_2O$$

图8-1 水杨酸硝化反应

其反应机理为硝酸与乙酸混合后形成硝酰阳离子，硝酰阳离子进攻水杨酸的苯环生成芳基正离子，进而脱去一个质子生成5-硝基水杨酸。反应机理如图8-2所示。

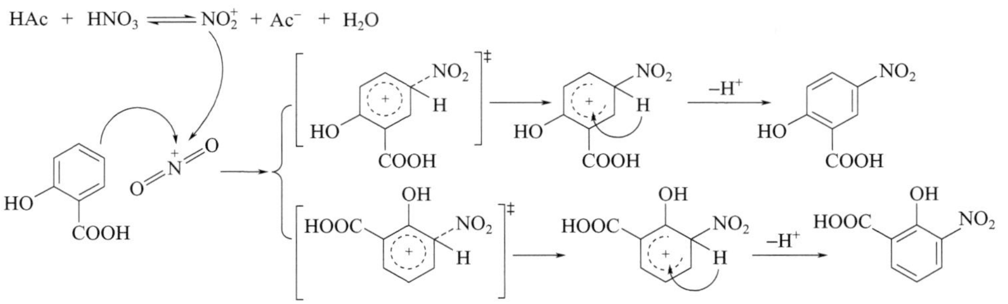

$$HAc + HNO_3 \rightleftharpoons NO_2^+ + Ac^- + H_2O$$

图 8-2　水杨酸硝化反应机理

三、实验仪器和试剂

1. 仪器

心形微通道反应器，气相色谱仪。

2. 试剂

水杨酸，硝酸，乙酸，无水乙醇，二氯甲烷，无水硫酸镁。

四、实验步骤

1. 物料配制

（1）水杨酸与乙酸混合溶液（水杨酸的质量分数为 10%）：称取水杨酸（10.0g，72.4mmol）溶解于乙酸（100.0g，167mmol）中备用。

（2）硝酸与乙酸混合溶液（乙酸与硝酸摩尔比为 5∶1）：称取 20g 浓硝酸（65%，20mmol）和 60g 乙酸（100mmol），在搅拌下将浓硝酸缓慢加入乙酸溶液中，待冷却至室温后转移至进料瓶中备用。

2. 仪器检查和校准

（1）确认设备配置与实验要求是否一致，打开换热器与反应器电源，排出泵头空气，泵入乙醇（或丙酮），检查是否漏液。

（2）用水置换反应器中乙醇（或丙酮），多次置换后，确保其中无乙醇（或丙酮）残留，再以乙酸置换体系中的水（2 次）。同时通过秒表和天平，初步校准流量。

3. 开始反应

（1）设定水杨酸泵流速，例如 1mL/min，将其通入连续流微通道反应器，并通过秒表和天平校准流量。

设定混酸泵流速，将水杨酸与混酸泵入反应器。

（2）设置反应温度，例如设置为 80℃。待温度和压力稳定后，使用天平校准泵流速。

（3）待温度达到设置值后，根据所需摩尔比，开始设置硝硫混酸溶液的流量，例如：1mL/min，将其通入连续流微通道反应器。并通过秒表和天平校准流量。

（4）记录停留时间，5 倍停留时间后取样（30s），取样量约 0.5mL，样品用于分析检测（其后处理及检测方法具体见“五、样品分析检测”）。

更换硝酸/乙酸混合液流速、水杨酸/乙酸混合液流速、反应温度等实验参数，根据考察条件的不同循环此步骤。相关实验参数记录在表 8-1 中。

表 8-1　实验参数记录

实验序号	乙酸/硝酸摩尔比	水杨酸/乙酸混合溶液流速/(mL/min)	硝酸/乙酸混合溶液流速/(mL/min)	反应温度/℃	停留时间/s	实验现象
1						
2						
3						
4						
5						
6						
7						
8						
9						
10						

4. 停止反应

（1）在换热器操作界面将温度设定为室温并运行。

（2）停止硝酸注射泵，水杨酸注射泵继续运行，将体系中的反应液置换排空。

（3）停止水杨酸注射泵，将硝酸注射泵物料改为乙酸，水杨酸注射泵物料也改为乙酸，分别输送至反应模块中清洗（1mL/min）10min。

（4）停止注射泵进料，将注射泵内的物料分别更换为乙醇。

（5）开启两台注射泵将乙醇洗液送进反应模块低流速（1mL/min）进行清洗 10min。

（6）关闭换热器电源，关闭泵和反应器的电源，停止实验。

五、样品分析检测

1. 样品后处理

（1）样品加 1mL 水淬灭反应，用 1mL 二氯甲烷萃取反应液，再用 0.5mL 水洗涤两次。

（2）有机相用无水硫酸镁干燥，过 0.22μm 微孔滤膜后，取 5μL 用气相色谱仪进行纯度测定。

2. 样品检测

利用气相色谱进行检测时，将柱温箱温度由 50℃以 15℃/min 升温至 170℃，保持 2min，再以 25℃/min 升温至 280℃，分流比调为 29∶1。在此条件下首先分析原料水杨酸（进样量 1μL）的出峰时间，然后分析不同条件下得到的样品。分析结果采用面积归一法计算含量。

六、注意事项

1. 5-硝基水杨酸、水杨酸熔点高，低温可能在模块中析出，堵塞反应通道。实验过程中要注意观察，控制温度，不允许有固体析出。

2. 浓硝酸具有强腐蚀性，开展实验前应做好防护措施。

3. 硝化实验中，硝酸遇醇类或丙酮会发生剧烈反应，甚至爆炸，在开停时要尽量避免此类情况发生。

七、思考题

1. 开始反应之前为什么不直接使用乙酸置换体系中的乙醇（或丙酮），而需要先用水置换乙醇（或丙酮），再用乙酸置换体系中的水？

2. 升高反应温度会给本次实验带来哪些影响？

参考文献

[1] Russo D. Safe production of nitrated intermediates of industrial interest using traditional batch reactors and innovative microdevices. Naples：Università degli Studi di Napoli Federico Ⅱ，2017.

[2] Kulkarni A A，Nivangune N T，Kalyani V S，et al. Continuous flow nitration of salicylic acid. Organic Process Research & Development，2008，12 (5)：995-1000.

实验九

硝化反应——硝基邻二甲苯的制备

一、实验目的

1. 掌握邻二甲苯硝化反应机理。
2. 理解反应条件对硝基邻二甲苯产率的影响。
3. 学习并熟悉心形微通道反应器的使用。
4. 学习并熟悉气相色谱仪的使用及数据处理。

二、实验原理

硝基邻二甲苯是重要的化工原料，在医药、染料等领域均有应用，是合成核黄素、二甲戊灵等化合物的重要中间体。硝基邻二甲苯一般由邻二甲苯硝化制备，目前工业上主要采用硝硫混酸硝化法生产，反应式如图 9-1 所示。

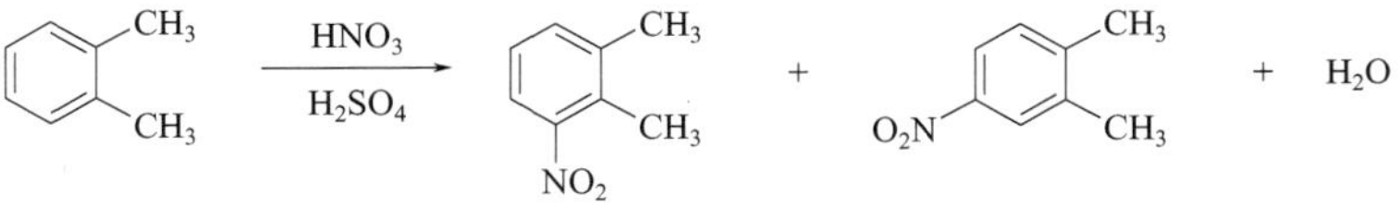

图 9-1　邻二甲苯硝化反应

其反应机理为硝酸与硫酸混合后形成硝酰阳离子，硝酰阳离子进攻邻二甲苯的苯环生成芳基正离子，进而脱去一个质子生成硝基邻二甲苯。反应机理如图 9-2 所示。

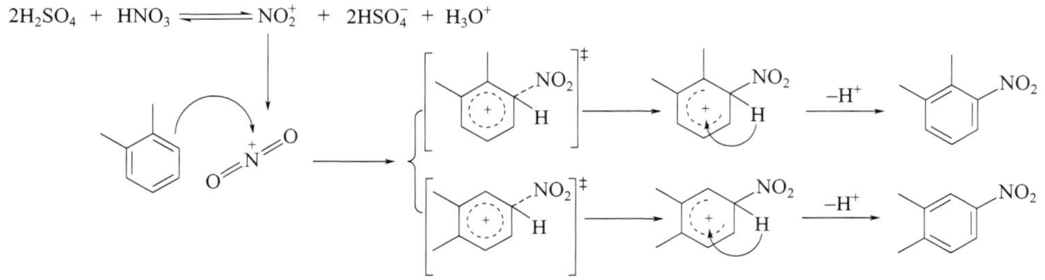

$$2H_2SO_4 + HNO_3 \rightleftharpoons NO_2^+ + 2HSO_4^- + H_3O^+$$

图 9-2 邻二甲苯硝化反应机理

三、实验仪器和试剂

1. 仪器

心形微通道反应器，气相色谱仪。

2. 试剂

邻二甲苯，硫酸（98%），硝酸（69%），无水乙醇，二氯甲烷，无水硫酸镁。

四、实验步骤

1. 物料配制

（1）硫酸溶液（80%）配制：称取硫酸（98%，184.0g，1.84mol）184.0g加入500mL烧杯中，冰水浴搅拌，缓慢滴入41.0g纯净水中，待用。

（2）硫酸与硝酸混合溶液（硫酸与硝酸摩尔比为2∶1）配制：称取浓硝酸（69%，84.0g，0.92mol），搅拌下将80%的硫酸溶液缓慢滴入到浓硝酸中，配制成硫酸和硝酸摩尔比为2∶1的混酸溶液。冷却后转移至进料瓶中备用。

邻二甲苯的硝化反应与温度、流速（停留时间）、硫酸浓度、硫酸与硝酸摩尔比、硝酸与邻二甲苯摩尔比5个因素密切相关。本实验要求每实验组至少考察4个因素，请在以下范围内自行选择考察因素：反应温度梯度（60～110℃）、流速梯度（1～4g/mL）、硫酸浓度梯度（60%～80%）、硫酸与硝酸摩尔比（2～0.5）、硝酸与邻二甲苯摩尔比（1～2）。上述溶液配制仅为一个反应条件下的参考，在考察不同条件时，需要根据具体条件选择配制溶液，记录过程和用量。

2. 仪器检查和校准

（1）确认设备配置与实验要求是否一致，打开换热器与反应器电源，排出泵头空气，泵入乙醇，检查是否漏液。

（2）使用二氯甲烷置换反应器中的乙醇（压力稳定后5倍停留时间），清洗时间3～5min。同时通过秒表和天平初步校准流量。

（3）将二氯甲烷切换为邻二甲苯，继续冲洗3～5min。

3. 开始反应

（1）设定邻二甲苯泵流速，例如1mL/min，将其通入连续流微通道反应器，并通过秒表和天平校准流量。

设定混酸泵流速，将邻二甲苯与混酸泵入反应器。

（2）设置反应温度，例如设置为80℃。待温度和压力稳定后，使用天平校准泵流速。

（3）待温度达到设置值后，根据所需摩尔比，开始设置硝硫混酸溶液的流量，例如1mL/min，将其通入连续流微通道反应器，并通过秒表和天平校准流量。

（4）记录停留时间，5倍停留时间后取样（30s），取样量约0.5mL，样品用于分析检测（其后处理及检测方法具体见“五、样品分析检测”）。

根据考察条件的不同，循环此步骤。相关实验参数记录在表9-1中。

表9-1 实验参数记录

实验序号	混酸流速/(mL/min)	邻二甲苯溶液流速/(mL/min)	反应温度/℃	停留时间/s	硝酸/二甲苯摩尔比	实验现象
1						
2						
3						
4						
5						
6						
7						
8						
9						
10						

4. 停止反应

（1）停止混酸溶液的通入。用邻二甲苯继续冲洗反应器。

（2）将温度设置为25℃。

（3）温度降至40℃后，用二氯甲烷冲洗反应器10min左右。

（4）最后用乙醇冲洗反应器10min左右。清洗柱塞杆（使用pH试纸检测）。

（5）关闭换热器电源，关闭泵和反应器的电源，停止实验。

五、样品分析检测

1. 样品后处理

（1）样品加1mL水淬灭反应，用1mL二氯甲烷萃取反应液，再用0.5mL水洗涤两次。

（2）有机相用无水硫酸镁干燥，过0.22μm微孔滤膜后，取5μL用气相色谱仪进行纯度测定。

2. 样品检测

利用气相色谱进行检测时，将柱温箱温度由50℃以15℃/min升温至170℃，保持2min，再以25℃/min升温至280℃，分流比调为29∶1。在此条件下首先分析原料二甲苯（进样量1μL）的出峰时间，然后分析不同条件下得到的样品。分析结果采用面积归一法计算含量。

六、注意事项

1. 4-硝基邻二甲苯熔点高，低温可能在反应模块中析出，堵塞反应通道。实验过程中要注意观察，控制温度，不允许有固体析出。

2. 二氯甲烷对密封圈有溶胀效果，不应长时间接触。

3. 二氯甲烷沸点低，不要在高温下泵入二氯甲烷，防止汽化。

七、思考题

1. 假如反应模块持液体积为2.7mL，当两台注射泵的进料流速都为1mL/min时，反应停留时间如何计算？

2. 相比于传统间歇釜，连续流微通道反应器具有哪些优势?

3. 停车流程中为什么要先用二氯甲烷置换反应液，再用乙醇置换?

4. 根据实验数据思考不同条件对反应影响的原因。

参考文献

[1] Song Q，Lei X G，Yang S，et al. Continuous-flow synthesis of nitro-*o*-xylenes：Process optimization，impurity study and extension to analogues，Molecules，2022，27：5139-5148.

[2] Sharma Y，Joshi R A，Kulkarni A A，Continuous-flow nitration of *o*-xylene：Effect of nitrating agent and feasibility of tubular reactors for scale-up，Organic Process Research & Development. 2015，19 (9)：1138-1147.

实验十
偶联反应——苯并[d]噻唑-2-基二苯基膦氧的制备

一、实验目的

1. 掌握苯并［*d*］噻唑与二苯基膦氧偶联反应机理。
2. 理解反应条件对苯并［*d*］噻唑-2-基二苯基膦氧产率的影响。
3. 学习并熟悉连续流微通道反应器的使用。
4. 学习并熟悉傅里叶变换红外光谱仪（FT-IR）的使用及数据处理。

二、实验原理

苯并氮杂类化合物作为最重要的一类含氮杂环，由于其药理活性和物理化学性质，常作为抗精神病类药物与材料阻燃剂，在药物化学和材料科学领域受到了极大的关注。有机磷阻燃剂是重要的材料添加剂，在提高材料防火安全性能方面扮演着重要角色。苯并噻唑和二苯基膦氧的反应式如图 10-1 所示。

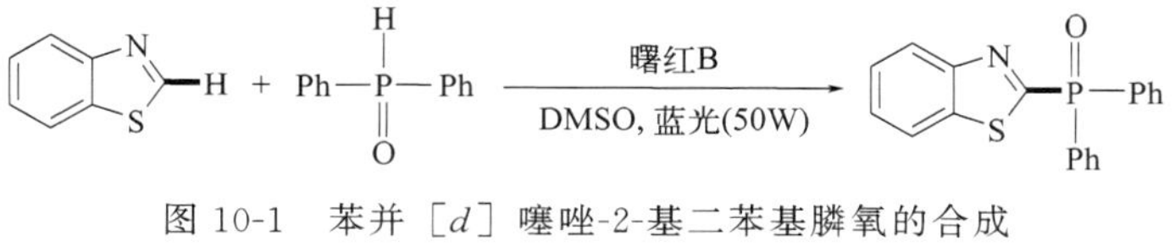

N S H + Ph—P(H)(=O)—Ph —曙红B / DMSO, 蓝光(50W)→ N S P(=O)(Ph)—Ph

图 10-1　苯并［*d*］噻唑-2-基二苯基膦氧的合成

反应机理：在第一步中，二苯基膦氧化合物失去一个质子，并与被激发的光催化剂（曙红 B^*）进行单电子转移（SET）氧化，产生具有亲电性的磷中心自由基中间体和还原的光催化剂曙红 $B^{\cdot -}$。此外，释放的质子激活苯并噻唑，通过单电子转移还原产生 α-氨基自由基物种，并关闭催化循环，α-氨基自由基物种与磷中心自由基发生自由基交叉偶联反应，然后再通过氧化脱氢生成最终产物。

反应机理如图 10-2 所示。

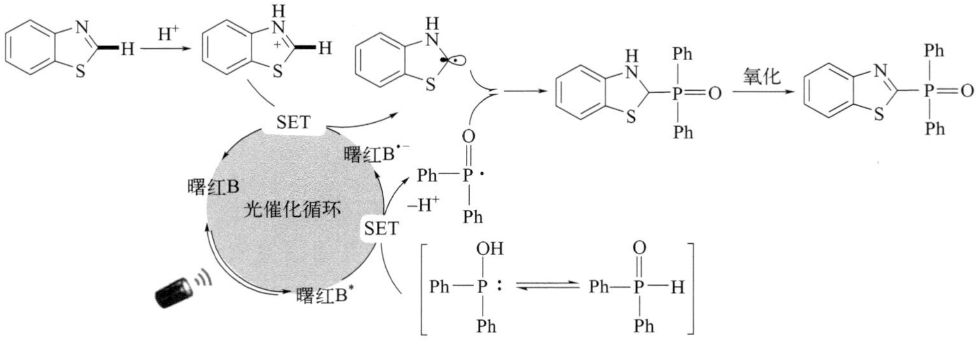

图 10-2　偶联反应机理

三、仪器和试剂

1. 仪器

管道式微通道反应器，傅里叶变换红外光谱仪，核磁共振波谱仪。

2. 试剂

苯并噻唑，二苯基膦氧，曙红 B，二甲基亚砜（DMSO），石油醚，乙酸乙酯，无水硫酸钠，饱和食盐水，二氯甲烷。

四、实验步骤

1. 仪器检查和校准

（1）确认设备配置与实验要求是否一致，打开蠕动泵电源，泵入乙醇，检查是否漏液和流速是否正常。

（2）使用二氯甲烷置换反应器中的乙醇（压力稳定后 5 倍停留时间），清洗时间 3～5min。

2. 加料

（1）向含有搅拌子的连续流反应瓶中加入二苯基膦氧（10.1g，50mmol）和光催化剂曙红 B（1.5g，2.5mmol）。

（2）用注射器加入50mL二甲基亚砜和苯并噻唑（3.4g，25mmol），注射完成后用棉片堵塞注射口，使收集瓶中为密闭环境。

3. 开始反应

（1）打开光源，设置为50W蓝光，打开蠕动泵，设置流速为2.22mL/min，泵压13.6psi（93.77kPa），使反应液体循环流通。

（2）设置反应温度，例如设置为25℃。待温度稳定后，设置流速。

（3）设定反应液流速，例如2.22mL/min，将其通入连续流微通道反应器。

（4）设置泵压，例如设置蠕动泵压为13.6psi（93.77kPa）。

（5）记录液体停留时间，反应一段时间后取样，取样量约0.5mL，样品用于分析检测。本实验考察因素有二苯基膦氧与苯并噻唑摩尔比、流速（停留时间）、反应温度，根据考察条件的不同，循环此步骤。相关实验参数记录在表10-1中。

表10-1　实验参数记录

实验序号	二苯基膦氧/苯并噻唑摩尔比	流速/(mL/min)	反应温度/℃	停留时间/s	实验现象
1					
2					
3					
4					
5					
6					
7					
8					
9					
10					

4. 停止反应

（1）停止反应液的通入。

（2）用二氯甲烷清洗反应器10min左右。

（3）最后用乙醇清洗反应器 10min 左右。

（4）关闭光源，关闭泵和反应器的电源，停止实验。

五、样品分析检测

1. 样品后处理

（1）加入饱和食盐水 100mL，用 20mL 二氯甲烷萃取反应液三次，合并有机相。

（2）有机相用无水硫酸钠干燥，通过柱色谱分离，分别用石油醚/乙酸乙酯 10∶1 和 2∶1（体积比）进行洗脱，旋蒸浓缩，干燥称重。

（3）取 10～20mg 产品进行核磁共振氢谱、磷谱和傅里叶变换红外光谱表征。

2. 样品检测

（1）傅里叶红外光谱（Fourier transform infrared spectroscopy，FT-IR）

采用美国 Nicolet IS10 型红外光谱仪，将样品与 KBr 混合并压制成片状，以 $1cm^{-1}$ 的分辨率在 4000～$400cm^{-1}$ 范围内对样品扫描 64 次进行红外光谱分析。

（2）核磁共振波谱（nuclear magnetic resonance，NMR）

采用德国 Bruker Avance NEO 400MHz 核磁共振波谱仪，以四甲基硅烷（TMS）为 ^{1}H NMR 的内标，氘代氯仿（$CDCl_3$）为溶剂对样品进行核磁分析（^{1}H NMR，^{31}P NMR）。

六、注意事项

1. 光催化剂曙红 B 颗粒较大，未完全溶解可能在反应模块中析出，堵塞反应通道。实验过程中要注意观察，不允许有固体析出。

2. 二甲基亚砜对密封圈有溶胀效果，不应长时间接触。

七、思考题

1. 相比于传统间歇釜，连续流微通道反应器具有哪些优势？

2. 根据实验数据思考不同条件对反应影响的原因。

3. 结束后为什么要先用二氯甲烷置换，再用乙醇置换？

参考文献

[1] Fu Z C，Feng L P，Qin Y，et al. Metal-free visible light-induced cross-dehydrogenative coupling of benzocyclic imines with water/P (O) H compounds：Efficient access to functionalized benzazepines/ones. Organic Chemistry Frontiers，2024，11 (1)：270-276.

[2] Luo K，Chen Y Z，Yang W C，et al. Cross-coupling hydrogen evolution by visible light photocatalysis toward C (sp^2)-P formation：Metal-free C—H functionalization of thiazole derivatives with diarylphosphine oxides. Organic Letter. 2016，18 (3)：452-455.

实验十一
还原反应——硼氢化钠还原制备苯甲醇

一、实验目的

1. 了解并掌握硼氢化钠还原羰基反应机理。
2. 学习并掌握心形微通道反应器的操作流程。
3. 掌握反应条件优化方法及过程。
4. 学习并掌握气相色谱仪的使用及数据处理。

二、实验原理

1. 硼氢化钠还原机理

苯甲醇是一种重要的有机化合物，广泛应用于医药、香料、染料等领域。其生产工艺主要有两种：苯氧化法和苯甲醛还原法。其中，将醛、酮还原为醇是制备醇类化合物的一条重要途径。还原的方法很多，主要可归为两大类：催化氢化和化学还原剂还原。对于实验室制备来讲，采用化学还原剂还原法设备简单，操作方便，其中最常用的是用硼氢化钠（$NaBH_4$）还原。

其反应机理为利用 $NaBH_4$ 解离出的氢负离子（H^-）对羰基的正电荷中心（C^+）进行亲核加成。$NaBH_4$ 的 H 在这里显−1 价，故有很强的还原性，可以还原有一定氧化性的无机物，在有机合成中的应用包括将—COR 还原成—CHOHR，即将醛羰基还原成羟基。反应机理见图 11-1。硼氢化钠固体在常温常压下稳定，其水溶液会缓慢分解并释放出氢气，可通过调节溶液的 pH 值来调控硼氢化钠的分解速率。

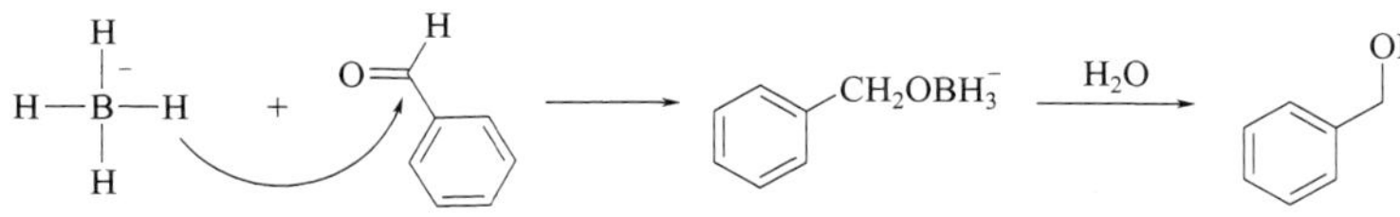

图 11-1　硼氢化钠还原苯甲醛反应机理

2. 硼氢化钠还原苯甲醛反应方程式

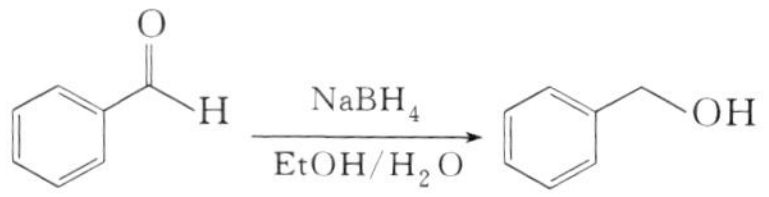

三、实验仪器和试剂

1. 仪器

心形微通道反应器，气相色谱仪。

2. 试剂

苯甲醛，硼氢化钠，乙醇，二氯甲烷，无水硫酸镁。

四、实验步骤

1. 物料配制

（1）有机相物料配制（物料 1）：5.3g（50mmol）苯甲醛溶于 100g 乙醇中。

（2）水相物料配制（物料 2）：2.27g（60mmol）硼氢化钠溶解于 100g 水中。

苯甲醛的还原与反应温度、流速（停留时间）、原料与还原剂摩尔比等因素密切相关。本实验要求每实验组至少考察 3 个因素，请在以下范围内自行选择考察因素：反应温度梯度（20～60℃）、流速（1.0～3.0mL/min）、硼氢化钠用量（1.0～3.0 当量）。上述物料配制仅为一个反应条件下的参考，在考察不同条件时，需要根据具体条件选择配制溶液，记录过程和用量。

2. 仪器检查和校准

（1）确认设备配置与实验要求是否一致，打开换热器与反应器电源，排出泵头空气，泵入乙醇，检查是否漏液。

（2）使用二氯甲烷置换反应器中的乙醇（压力稳定后5倍停留时间），清洗时间3～5min。同时通过秒表和天平初步校准流速。

3. 开始反应

（1）将两股物料分别装入相应的注射泵中。

（2）在换热器操作界面设定相应的温度并点击运行。

（3）开启两台注射泵分别将两股物料输送进反应模块中。

（4）待物料流速、反应温度、反应路压力均已稳定后，计停留时间；

（5）在5倍停留时间后，取第一个样进行气相色谱分析，更换考察条件后各等待3倍停留时间后取样分析。

根据考察条件的不同，循环此步骤。相关实验参数记录在表11-1中。

表11-1　实验参数记录

实验序号	醛/硼氢化钠摩尔比	水相流速/(mL/min)	有机相流速/(mL/min)	反应温度/℃	停留时间/s	实验现象及结果
1						
2						
3						
4						
5						
6						
7						
8						
9						
10						

4. 停止反应

（1）在换热器操作界面将温度设定为室温并运行。

（2）停止注射泵进料，将注射泵内的物料分别更换为乙醇和水。

(3) 开启两台注射泵将乙醇与水分别输送进反应模块进行清洗。

(4) 在 3～5 倍停留时间后，两个注射泵换为乙醇，停止注射泵和换热器的运行。

(5) 关闭换热器电源，关闭泵和反应器的电源，停止实验。

五、样品分析检测

1. 样品后处理

(1) 样品加 1mL 水淬灭反应，用 1mL 二氯甲烷萃取反应液，再用 0.5mL 水洗涤两次。

(2) 有机相用无水硫酸镁干燥，过 0.22μm 微孔滤膜后，取 5μL 用气相色谱仪进行纯度测定。

2. 样品检测

利用气相色谱进行检测时，将柱温箱温度由 50℃以 15℃/min 升温至 170℃，保持 2min，再以 25℃/min 升温至 280℃，分流比调为 29∶1。在此条件下首先分析原料苯甲醛（进样量 1μL）的出峰时间，然后分析不同条件下得到的样品。分析结果采用面积归一法计算含量。

六、注意事项

1. 要注意防止反应器中物料冻结。
2. 未调节反应体系压力时，不能将反应温度设定至溶剂沸点以上。
3. 完成实验后需要进行溶剂清洗操作。

七、思考题

1. 假如反应模块持液体积为 2.7mL，当两台注射泵的进料流速都为 1mL/min 时，反应停留时间如何计算？
2. 相比于传统间歇釜，连续流微通道反应器具有哪些优势？
3. 请列举羰基还原的三种方法？
4. 进行该反应时最少用多少当量的硼氢化钠可以完成反应？
5. 理论上 1mol 硼氢化钠可以生成 4mol H^-，请写出该化学过程。

参考文献

[1] 吴鑫干，李陵岚．苯甲醇制造方法．工业催化，2002，10（2）：26-32.

[2] 闻韧．药物合成反应．4版．北京：化学工业出版社，2019.

[3] Seyden-Penne J. Reductions of the alumino-and borohydrides in organic synthesis，Paris：VCH/Lavoisier-Tec & Doc，1991.

实验十二
还原反应——镍催化氢化制备2,5-二甲基-2,5-己二醇

一、实验目的

1. 熟悉固定床式连续流微反应器的硬件设备。
2. 熟悉固定床式连续流微反应器的软件与操作流程。
3. 研究反应条件与反应转化率之间的关系。
4. 理解非均相反应与均相反应的区别与优缺点。
5. 学习气相色谱仪的使用及数据处理。

二、实验原理

1897年法国化学家保罗·萨巴捷发现痕量的镍可以催化有机物氢化，随后由于镍廉价易得，被广泛地应用到有机合成反应研究中。常见的镍催化剂有Raney镍、载体镍、还原镍和硼化镍等。Raney镍为最常用的氢化催化剂，在中性和弱碱条件下可用于烯烃和炔烃的还原；通过控制反应条件，萘环和其他芳香杂环也能被还原。目前已经开发出了系列Raney镍催化脱硒、脱硫和杂环、芳基与炔烃还原的方法。

镍催化氢化还原炔烃属于非均相催化反应，反应在催化剂表面进行。一般认为，在反应过程中，底物分子向催化剂界面扩散，然后吸附在催化剂表面；吸附在催化剂表面的底物分子发生还原反应，产物从催化剂表面解吸附，扩散到反应介质中。

本实验以2,5-二甲基-3-己炔-2,5-二醇为原料，固载化的镍作为催化剂，催化氢气还原2,5-二甲基-3-己炔-2,5-二醇制备2,5-二甲基-2,5-己二醇。反应方程

式见图12-1。本实验考察反应泵流速、氢气流量、反应温度、背压阀的压力等因素，通过考察这些因素与反应转化率之间的关系，获得最佳反应条件。

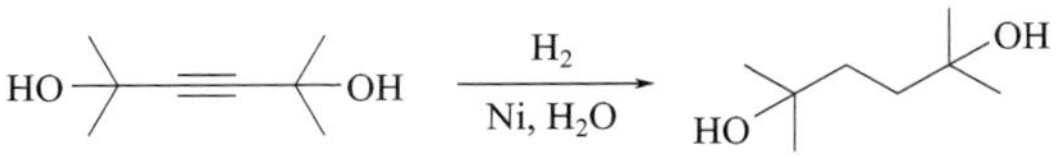

HO—C(CH₃)₂—C≡C—C(CH₃)₂—OH $\xrightarrow[Ni,\ H_2O]{H_2}$ HO—C(CH₃)₂—CH₂CH₂—C(CH₃)₂—OH

图12-1　2,5-二甲基-2,5-己二醇的合成

三、实验仪器和试剂

1. 仪器

欧世盛EMC-2双通道全自动催化剂筛选平台，高压氢气发生器，气相色谱仪，旋转蒸发仪，水浴锅，循环水式多用真空泵。

2. 试剂

2,5-二甲基-3-己炔-2,5-二醇，2,5-二甲基-2,5-己二醇，镍催化剂，甲醇，氢氧化钠。

四、实验步骤

1. 物料配制

将2,5-二甲基-3-己炔-2,5-二醇（5.0g，35.2mmol）溶解在100mL纯水中，用0.1%氢氧化钠调节pH值至8～9，备用。

2. 仪器检查和冲洗

（1）打开反应器电源，检查设备，确认软硬件通信连接正常。

（2）在控制面板上打开输液泵和气液分离器，设置高压输液泵流速2mL/min，氢气流速0mL/min，预热器温度20℃，反应柱温度20℃，背压阀的压力0MPa，用纯水冲洗设备15min，检查系统是否通畅，是否有漏液。

3. 开始反应

（1）在控制面板上，打开氢气置换选项，根据提示调节减压阀和打开氢气入口球阀。当设备达到所需温度、气体流速后关闭输液泵。将输液管接入原料瓶后，再打开输液泵。

（2）反应 10min 后，用试管在取样口接取 10mL 反应液，将反应液减压浓缩，得到白色固体。记录液体流速、气体流量、反应温度和背压阀的压力。

根据考察条件的不同，重复此步骤。

（3）相关实验参数记录在表 12-1 中，根据转化率选择最佳条件。

表 12-1 实验参数记录

实验序号	泵流速/(mL/min)	氢气流量/(mL/min)	反应温度/℃	背压阀压力/MPa	实验现象及结果
1					
2					
3					
4					
5					
6					
7					
8					
9					
10					

4. 停止反应

（1）打开停止反应选项，根据提示关闭减压阀和氢气入口球阀，设定高压输液泵流速 2mL/min，氢气流速 0mL/min，预热器温度 20℃，反应柱温度 20℃，背压阀压力 0MPa，用纯水冲洗设备 20min，然后关闭设备。

（2）关闭设备电源，处理实验废液。

五、样品分析检测

1. 样品处理

（1）标准溶液配制：分别称取 2,5-二甲基-3-己炔-2,5-二醇（20.0mg）和 2,5-二甲基-2,5-己二醇（20.0mg），转入 2mL 塑料离心管中，加入 1.5mL 甲醇溶解。

（2）待测样品处理：将反应过程中采集的样品液减压浓缩，得到白色固体，称取 20.0mg 该白色固体，转入 2mL 塑料离心管中，加入 1.5mL 甲醇溶解。

2. 样品检测

先用气相色谱仪对标准样品进行分析，确定原料和产品的气相保留时间，然后再利用气相色仪分析待测样品。分析结果采用面积归一法计算含量。

六、注意事项

1. 调节减压阀时动作一定要慢，控制氢气减压阀与背压阀的压力差值不能超过 0.5MPa。如果压力差超出该范围，立刻打开氢气流量计保护开关。

2. 输液泵不能进空气，当有泵腔内有空气时，输液泵无法输送液体。

3. 液体流速要与氢气压力相匹配。液体流速太高可能导致反应系统内压力过高，当系统压力高于氢气压力时，氢气无法顺利进入反应器。

4. 预热器温度与反应温度的温差保持在 20～50℃范围。

5. 催化剂的强度非常重要，如果固载化的催化剂强度不够，在反应中容易坍塌，导致系统压力过高，反应不能正常进行。

七、思考题

1. 实验中原料为什么要调成碱性？

2. 后续实验除了通过减压浓缩将溶剂除掉，还可以有什么方法？

3. 催化剂固载化填充式反应器相对于其他反应器有哪些优点？

4. 根据实验现象思考不同实验参数对反应影响的原因。

参考文献

[1] Hema Ramsurn，Ram B Gupta. Hydrogenation by nanoparticle catalysts//Steven L. Suib. New and future developments in catalysis，Amsterdam：Elsevier，2013：347-374.

实验十三 还原反应——间苯二胺的制备

一、实验目的

1. 了解连续流技术、心形微通道反应器。
2. 了解硼氢化钠与金属盐联用还原硝基的反应机理。
3. 学习并熟悉 AFR Nebula 星云教学平台化学版反应器的基本操作。

二、实验原理

硼氢化钠是一种广泛使用的无机化学还原剂。在常规条件下，单独的硼氢化钠不能还原硝基化合物。然而，将某些过渡金属卤化物或盐与 $NaBH_4$ 在质子性溶剂体系中组合，可以将硝基化合物还原为相应的胺。间二硝基苯还原反应方程及反应机理如图 13-1 和图 13-2 所示。

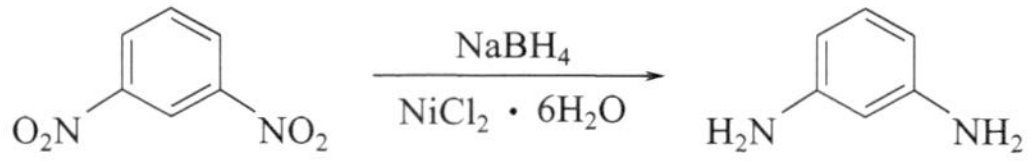

$NaBH_4$，$NiCl_2 \cdot 6H_2O$

图 13-1 间二硝基苯的还原反应

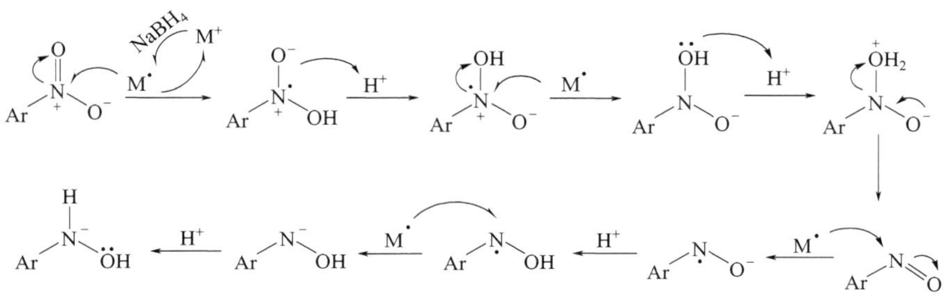

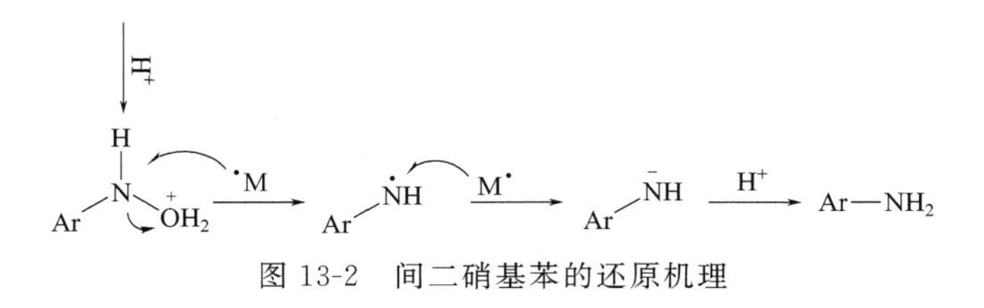

图 13-2　间二硝基苯的还原机理

三、实验仪器和试剂

1. 仪器

心形微通道反应器，高效液相色谱仪。

2. 试剂

间二硝基苯，硼氢化钠，六水合氯化镍，硫酸 98%，氢氧化钠，乙醇。

四、实验步骤

1. 物料配制

（1）物料 1：称取间二硝基苯（3.0g，18mmol）、六水合氯化镍（0.4g，2.0mmol）和硫酸（3.0g，30mmol），溶于 100g 乙醇，备用。

（2）物料 2：称取硼氢化钠（2.0g，53.0mmol）溶于 500g 水中，备用。

2. 仪器检查和校准

（1）打开反应器电源，检查设备，确认软硬件通信连接正常。

（2）将物料 1（20mL）和物料 2（20mL）分别装入左右两个注射器中，置换反应器中乙醇，清洗时间 3～5min。

（3）通过秒表和量筒，分别校准左右两个注射泵流速。如流速不准确，可通过在软件中设置更改注射器的直径进行调节。

3. 开始反应

（1）将两股物料分别装入相应的注射泵中。

（2）在换热器操作界面设定相应的温度并点击运行。

（3）开启两台注射泵分别将两股物料输送进反应模块中。

（4）待物料流速、反应温度、反应路压力均已稳定后，计停留时间。

（5）在5倍停留时间后，取第一个样进行高效液相色谱（HPLC）分析，更换物料1和物料2流速、反应温度等实验参数重复实验，更换参数后各等待3倍停留后取样分析。

（6）在补加料与停止反应时，应该先停B泵（物料2），再停A泵（物料1）。

相关实验参数记录在表13-1中。

表13-1 实验参数记录

实验序号	物料1流速/(mL/min)	物料2流速/(mL/min)	反应温度/℃	停留时间/s	实验现象及结果
1					
2					
3					
4					
5					
6					
7					
8					
9					
10					

4. 停止反应

（1）在换热器操作界面将温度设定为室温并运行。

（2）停止B注射泵（物料2）进料，A注射泵（物料1）继续打料2倍停留时间，将注射泵内的物料分别更换为乙醇。

（3）开启两台注射泵将乙醇输送进反应模块进行清洗。

（4）在3～5倍停留时间后，停止注射泵和换热器的运行。

五、注意事项

1. 注意防止反应器中物料冻结。

2. 未调节反应体系压力时，不能将反应温度设定至溶剂沸点以上。

3. 完成实验后需要进行溶剂清洗操作。

4. 在气泡生成较多时需要进行背压。

六、数据总结

反应停留时间延长转化率将增加，反应存在只有一个硝基被还原的产物。

七、思考题

1. 硫酸在该反应中起什么作用？

2. 列举硝基还原的 3 种方法，其中哪些适合连续流？

参考文献

［1］ 张吉松，徐万福，段笑楠，等．一种基于固定床微反应器连续高效合成间苯二胺的方法：CN113402395B，2023-05-26.

［2］ Yang X，Li Y，Chen Y，et al. Case study on the catastrophic explosion of a chemical plant for production of m-phenylenediamine. Journal of Loss Prevention in the Process Industries，2020，67：104232.

［3］ Nuzhdin A L，Shchurova I A，Bukhtiyarova M V，et al. Hydrogenation of dinitrobenzenes to corresponding diamines over Cu—Al oxide catalyst in a flow reactor. Catalysis Letters，2024，154（1）：295-302.

实验十四

Suzuki-Miyaura 偶联反应——2-氰基-4′-甲基联苯的制备

一、实验目的

1. 掌握 Suzuki-Miyaura 偶联反应的机理。
2. 理解反应条件对 2-氰基-4′-甲基联苯产率的影响。
3. 学习并熟悉心形微通道反应器的使用。
4. 了解沙坦类药物的合成方法与应用。

二、实验原理

1979 年铃木章（A. Suzuki）和宫浦（N. Miyaura）首先报道了在钯配合物催化下，芳基或烯基的硼酸或硼酸酯与氯、溴、碘代芳烃或烯烃发生交叉偶联反应，该反应称为 Suzuki-Miyaura 偶联反应。该反应中文名亦称为铃木反应，英语名为 Suzuki-Miyaura cross-coupling reaction。此反应在有机合成中的用途很广，具有很强的底物适应性及官能团耐受性，常用于合成多烯烃、苯乙烯和联苯的衍生物，从而广泛应用于天然产物、药物、农药及有机材料的合成。2010 年，理查德·赫克（R. F. Heck）、根岸英一（E. Negishi）和铃木章因“有机合成中钯催化交叉偶联反应”共同获得了诺贝尔化学奖。

Suzuki-Miyaura 偶联反应机理如图 14-1 所示。首先，卤代烃 **2** 与零价钯 **1** 进行氧化加成，后与碱作用生成强亲电性的有机钯中间体 **4**，同时芳基硼酸与碱作用生成具有亲核性的酸根型配合物四价硼酸盐中间体 **6**。然后中间体 **6** 与 **4** 发生金属交换反应生成化合物 **8**。最后，中间体 **8** 经还原消除反应得到目标产物 **9**。同时，再生催化剂 **1**。

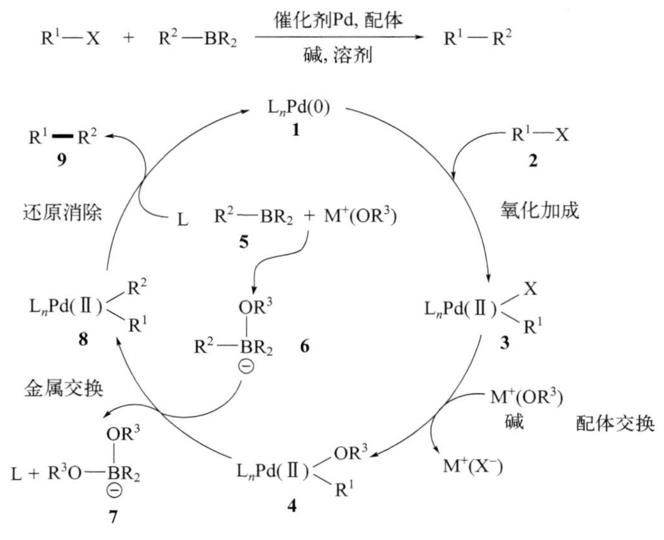

图 14-1　Suzuki-Miyaura 偶联反应机理

1995 年以来，具有抗高血压作用和对心功能不全有一定疗效的血管紧张素Ⅱ受体拮抗剂——沙坦（sartan）类药物不断上市。到 1999 年底，在国外上市的该类药物已达 9 个，这对高血压疾病的治疗无疑是一大进步。大多数沙坦类药物是以 2-氰基-4′-甲基联苯作为其关键中间体，所以，2-氰基-4′-甲基联苯的合成对沙坦类药物合成的生产研究有重要意义。通过 Suzuki-Miyaura 偶联反应可以便捷地合成 2-氰基-4′-甲基联苯，反应式如图 14-2 所示。

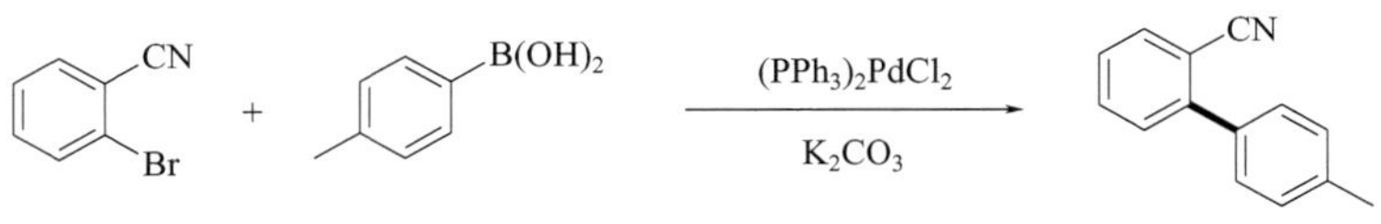

$$\text{2-BrC}_6\text{H}_4\text{CN} + \text{4-CH}_3\text{C}_6\text{H}_4\text{B(OH)}_2 \xrightarrow[K_2CO_3]{(PPh_3)_2PdCl_2} \text{2-氰基-4'-甲基联苯}$$

图 14-2　2-氰基-4′-甲基联苯合成

三、实验仪器和试剂

1. 仪器

心形微通道反应器，旋转蒸发仪。

2. 试剂

4-甲基苯硼酸，双三苯基膦二氯化钯，间二甲苯，2-溴苯腈，无水碳酸钾，无水硫酸钠，乙醇，乙酸乙酯。

四、实验步骤

1. 物料配制

（1）物料1：称取4.5g（33mmol）4-甲基苯硼酸，4.9g（27mmol）2-溴苯腈和1.9g（2.7mmol）双三苯基膦二氯化钯，溶于100g乙醇与300g间二甲苯混合液中（溶解后将不溶物过滤），待用。

（2）物料2：10g（72mmol）无水碳酸钾溶解于400g水中，备用。

2. 仪器检查和校准

（1）确认设备配置与实验要求是否一致，打开换热器与反应器电源，排出泵头空气，泵入乙醇，检查是否漏液。

（2）使用间二甲苯置换反应器中乙醇（压力稳定后5倍停留时间），清洗时间3～5min。同时通过秒表和天平初步校准流量。

3. 开始反应

（1）将两股物料分别装入相应的注射泵中。

（2）在换热器操作界面设定相应的温度并点击进行。

（3）开启两台注射泵分别将有机相（物料1）和水相（物料2）两股物料输送进反应模块中。

（4）待物料流速、反应温度、反应路压力均稳定后，计停留时间。

（5）在5倍停留时间后，取第一个样进行TLC分析。更换物料1和物料2流速、反应温度等实验条件重复实验，其他样3倍停留时间后取样。相关实验参数记录在表14-1中。

表14-1 实验参数记录

实验序号	物料1/(mL/min)	物料2/(mL/min)	反应温度/℃	停留时间/s	实验现象及结果
1					

续表

实验序号	物料1/(mL/min)	物料2/(mL/min)	反应温度/℃	停留时间/s	实验现象及结果
2					
3					
4					
5					
6					
7					
8					
9					
10					

4. 停止反应

（1）在热换器操作界面将温度设定为25℃并运行。

（2）停止注射泵进料，将注射泵内的物料分别更换为乙醇和水；开启两台注射泵，清洗反应模块。

（3）在3～5倍停留时间后，将2台注射泵中物料均更换为乙醇，开启两台注射泵，清洗反应模块。

（4）在3～5倍停留时间后，停止注射泵和换热器的运行，完成实验。

五、样品分析检测

1. TLC分析

（1）取2mL样品加2mL水淬灭反应，用5mL乙酸乙酯萃取反应液，再用5mL水洗涤两次。

（2）合并有机相用无水硫酸钠充分干燥，过滤后用薄层色谱（TLC）分析产物点，并计算产物R_f值。

2. 柱色谱分析

浓缩TLC处理样品，进行柱色谱分离产物。使用核磁共振氢谱表征产物，并计算分离收率。

六、注意事项

1. 若是在冬季进行此实验，应防止反应器中物料冻结。
2. 未调节反应体系压力时，不能将反应温度设置为溶剂沸点以上。
3. 完成实验后需要进行溶剂清洗操作。

七、思考题

1. 联苯合成有几种方法？
2. 列举三种沙坦类药物结构。

参考文献

[1] Mateuda A，Nakajima Y，Azuma A，et al. Potent，orally active imidazo［4,5-*b*］pyridine-based angiotensin Ⅱ receptor antagonists. Journal of Medicinal Chemistry，1991，34（9）：2919-2922.

[2] Isley N A，Gallou F，Lipshut B H. Transforming Suzuki-Miyaura cross-couplings of MIDA boronatesinto a green technology：No organic solvents. Journal of the American Chemical Society，2013，135（47）：17707-17710.

[3] Wilson K L，Murray J，Jamieson C，et al. Cyrene as a bio-based solvent for the Suzuki-Miyaura cross-coupling. Synlett，2018，29（5）：650-654.

[4] Li B，Barnhart R W，Fung P，et al. Process development of a triphasic continuous flow Suzuki-Miyaura coupling reaction in a plug flow reactor. Organic Process Research & Development，2022，26（12）：3283-3289.

实验十五 微反应器内单相流动压降测量

一、实验目的

1. 掌握微反应器中单相流动压降的实验测量原理及数据处理方法。

2. 通过与常规尺寸管式反应器中单相流动压降进行对比，加深对微反应器特点的理解。

3. 了解操作条件对压降的影响规律。

二、实验原理

微反应器技术作为一种本质安全的化学品生产技术，是未来实现智能化制造的重要平台技术之一。以微反应器为核心的微化工技术即将实现大规模应用，对化学化工领域将产生重大影响。国内一些高校已经为本科生或研究生开设了流动化学专业实验课程，主要是用微反应器进行不同的化学反应，但是较少涉及微反应器内的流动、混合、传递与反应规律。本实验以微通道反应器作为研究对象，测量不同条件下微反应器内单相流体流动的压降，期望让化学化工专业的学生了解微反应器内流体流动特性，并与传统化学反应器进行对比，帮助学生更好地理解微反应器过程强化原理及其特点。

本实验主要涉及微反应器中单相流动压降的测量。压降是设计反应器以及评估反应器性能的重要参数。在微反应器中压降主要是流体流动过程中与器壁摩擦引起的能量耗散所致，与操作条件（流速、流体性质、气液比）、管道尺寸等参数密切相关。雷诺数（Re）和摩擦系数（λ）是两个非常重要的无量纲数，它们关联了影响压降的所有参数。

雷诺数（Re）是用于表征流体流动情况的无量纲数，定义见式(15-1)，其物理含义为惯性力和黏性力之比。

$$Re=\frac{\rho ud}{\mu} \tag{15-1}$$

式中，Re 为雷诺数，无因次；ρ 为流体密度，kg/m^3；u 为流体线速度，m/s；d 为微通道内径，m；μ 为流体动力黏度，Pa·s。

流体线速度 u 可根据实际流量和微通道半径或当量直径来计算，见式(15-2)。

$$u=\frac{4Q_1}{\pi d^2} \tag{15-2}$$

式中，Q_1 为流体体积流量，m^3/s。

根据雷诺数的大小不同可以将流体流动分为三种不同的状态：层流、过渡流和湍流。微反应器由于特征尺寸较小，其内部流体流动多为层流。层流是一种高度有序的运动，黏性力占主导地位并促使流体发生位移。随着流速和雷诺数的增大，惯性力开始占据主导地位并且流动变得更加无序，形成涡流，部分流体在相邻层之间转移，开始出现速度波动，呈现湍流的特征。而在层流和湍流之间的状态称为过渡流。

流体流经微通道时的机械能损失称为沿程阻力损失。以水平等径管为例，根据受力分析可以推导出沿程阻力损失 w_f 的表达式，见式(15-3)。

$$w_f=8\left(\frac{\tau_w}{\rho u^2}\right)\left(\frac{L}{d}\right)\frac{u^2}{2} \tag{15-3}$$

式中，τ_w 为壁面剪切应力；L 为微通道长度，m。

壁面剪切应力与单位体积流体的动能之比称为摩擦系数或摩擦因数，其定义见式(15-4)。

$$\lambda=\frac{8\tau_w}{\rho u^2} \tag{15-4}$$

单位体积流体的沿程阻力损失可以表示为式(15-5)，称为范宁（Fanning）公式，对层流和湍流均适用。

$$\Delta p=\rho w_f=\lambda\ \frac{L}{d}\times\frac{\rho u^2}{2} \tag{15-5}$$

式中，Δp 为通过微通道前后的压降，Pa；L 为微通道长度，m。

对于层流流动，摩擦系数 λ 和雷诺数 Re 的关系符合式(15-6)。对于常规尺寸管道，K 等于 64。

$$\lambda=\frac{K}{Re} \tag{15-6}$$

采用式(15-5）计算沿程阻力损失时，关键是获取摩擦系数 λ。在本实验中，采用压力传感器测量微反应器入口和出口处压力，计算并记录压降数据 Δp，同步记录流体流量，分别根据式(15-1)、式(15-2）和式(15-5）计算不同操作条件下单相流的雷诺数和摩擦系数，并根据式(15-6）确定常数 K。

三、实验仪器和试剂

1. 仪器

微反应器单相流动压降测量实验装置如图 15-1 所示，由液体储罐、液体进料泵、液体流量计、管式微反应器、收集罐以及压力表组成。管式微反应器采用玻璃、聚合物、不锈钢等材料制成，通道截面为圆形，其直径和长度可根据需要选取。也可选用如图 15-2 所示的心形微反应器进行实验。

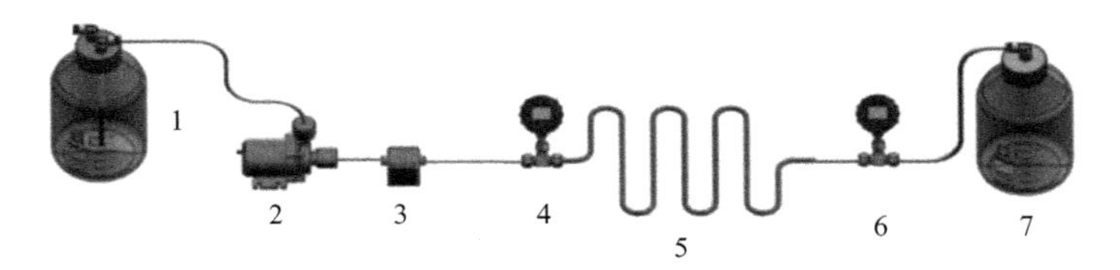

图 15-1　管式微反应器单相流动压降测量实验装置

1—液体储罐；2—液体进料泵；3—液体流量计；4—进口压力表；5—管式微反应器；6—出口压力表；7—收集罐

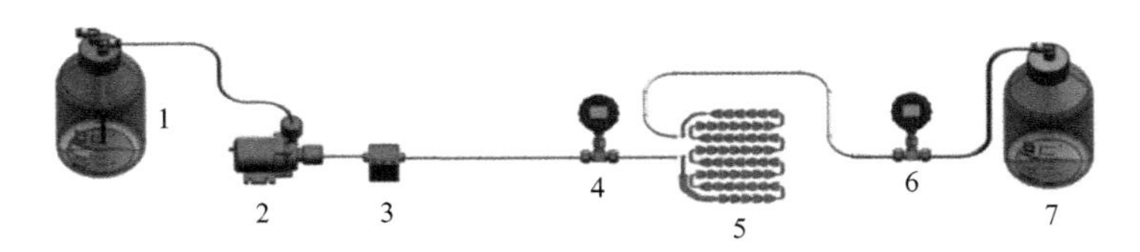

图 15-2　心形微反应器单相流动压降测量实验装置

1—液体储罐；2—液体进料泵；3—液体流量计；4—进口压力表；5—心形微反应器；6—出口压力表；7—收集罐

2. 试剂

去离子水，无水乙醇，丙三醇（甘油）。

四、实验步骤

（1）称取一定量的去离子水装入液体储罐。

（2）开启液体进料泵，调节出口阀门开度，使液体流量达到设定值。

（3）待液体流量、微反应器进出口压力均稳定后，记录进出口压力。

（4）改变液体流量，测量不同液体流量条件下微反应器进出口压力，并记录。

（5）待水的单相流动压降测试完毕后，将液体储罐内液体倒空，加入一定量的丙三醇，开启液体进料泵，对微反应器进行清洗并计时，在约5倍停留时间后，关闭进料泵，清洗结束。

（6）重复步骤（2）～（4），测量并记录不同液体流量下丙三醇体系的微反应器进出口压力。

（7）待丙三醇的单相流动压降测试完毕后，将液体储罐内液体倒空，加入一定量的无水乙醇，开启液体进料泵，对微反应器进行清洗并计时，在约5倍停留时间后，关闭进料泵，清洗结束。

（8）重复步骤（2）～（4），测量并记录不同液体流量下无水乙醇体系的微反应器进出口压力。

（9）待所有实验完成后，关闭所有实验仪器和计算机，将液体进料罐和收集罐中液体分别倒入废液桶后清洗干净，放回原位，整理实验台，实验结束。

说明：如有条件，可在步骤（8）之后，将管式微反应器替换为心形微反应器，重复步骤（1）～（9），开展实验并记录分析数据。

五、实验数据记录及处理

1. 实验数据记录

将实验数据记录在表15-1中。

表15-1　实验数据记录表

序号	微反应器通道截面积/m^2	液体种类	液体流量/(m^3/s)	进口压力/kPa	出口压力/kPa	压降 Δp/kPa
1						
2						

续表

序号	微反应器通道截面积/m^2	液体种类	液体流量/(m^3/s)	进口压力/kPa	出口压力/kPa	压降 Δp/kPa
3						
4						
5						
6						
7						
8						
9						
10						
11						
12						
13						
14						
15						
16						
17						
18						
19						
20						
21						
22						
23						
24						

2. 实验数据处理

计算不同操作条件下管式微反应器内实际流速 u，以压降 Δp 为纵坐标，u^2 为横坐标，作出不同流体介质的 Δp-u^2 曲线图，并进行分析讨论。

根据实验测得的压降数值和流速计算摩擦系数 λ 和雷诺数 Re，以 λ 为纵坐标，Re 为横坐标，作出 λ-Re 曲线图。对比斜率变化，找到斜率变化拐点，此时对应的雷诺数即为临界雷诺数，并进行分析讨论。

如有条件，计算不同操作条件下心形微反应器内实际流速 u，以压降 Δp 为纵坐标，u^2 为横坐标，作出不同流体介质的 Δp-u^2 曲线图，并与管式微反应器的实验结果进行对比分析。

六、注意事项

1. 测试黏度较大的介质时，建议流速从小往大逐渐调节，使压降保持在设备工作压力范围内。

2. 为了减少物料消耗，清洗阶段产生的废液需收集后集中处理，而无水乙醇和丙三醇可以回收再用。

七、思考题

1. 管式微反应器通道直径变大、长度不变，会对压降产生什么影响？

2. 管式微反应器中层流流型下摩擦系数 λ 和雷诺数 Re 的关系与常规尺寸管道是否相同？为什么？

3. 相同条件下，管式微反应器与心形微反应器的单相流动压降有何差异？导致差异的原因是什么？

4. 相比于常规尺寸管式反应器，管式微反应器有哪些优势？

参考文献

[1] 谭天恩，窦梅．化工原理（上册）．4 版．北京：化学工业出版社，2013.

实验十六
微反应器内气-液两相流动压降测量

一、实验目的

1. 掌握微反应器中气-液两相流动压降的实验测量原理及数据处理方法。

2. 通过与常规尺寸管道中气-液两相流动压降和摩擦系数进行对比，加深对微反应器特点的理解。

3. 了解微反应器内气-液两相流动压降与操作条件之间的关系。

二、实验原理

压降是设计反应器以及评估反应器性能的重要参数。在微反应器中压降主要是流体流动过程中与器壁摩擦导致的能量耗散所致，与操作条件（流速、流体性质、气液比）、管道尺寸等参数密切相关。气-液两相流常用的压降模型有均相流模型和分相流模型。其中，均相流模型假设通道内流动的两相充分混合，相与相之间没有滑移速度，可以把两相看作一相。通道内流体流动产生的压降可用以下方程进行计算：

$$\Delta p = \lambda_{gl} \frac{L}{d} \times \frac{\rho_{gl} u_{gl}^2}{2} \tag{16-1}$$

式中，λ_{gl} 为摩擦系数；L 为微通道长度，m；d 为微通道内径，m；ρ_{gl} 为气-液两相流体密度，kg/m^3；u_{gl} 为气-液两相流体流速，m/s。其中，u_{gl} 采用式(16-2) 计算，ρ_{gl} 采用式(16-3) 计算：

$$u_{gl} = \frac{4(Q_g + Q_l)}{\pi d^2} \tag{16-2}$$

$$\rho_{gl}=x_l\rho_l+(1-x_l)\rho_g \tag{16-3}$$

$$x_l=\frac{Q_l}{Q_g+Q_l} \tag{16-4}$$

式中，Q_g 为气相体积流量，m^3/s；Q_l 为液相体积流量，m^3/s；ρ_g 为气相密度，kg/m^3；ρ_l 为液相密度，kg/m^3；x_l 为液相体积分数。

微通道内气-液两相流的雷诺数都比较小，流动属于层流，则有：

$$\lambda=\frac{64}{Re_{gl}}=\frac{64\mu_{gl}}{\rho_{gl}u_{gl}d} \tag{16-5}$$

式中，Re_{gl} 为雷诺数，无因次；μ_{gl} 为气液两相混合动力黏度，Pa·s。

气液两相流体的混合动力黏度 μ_{gl} 可用不同均相流模型进行计算。

Dukler 关联式：

$$\mu_{gl}=\rho_{gl}\left[\frac{x_l\mu_l}{\rho_l}+\frac{(1-x_l)\mu_g}{\rho_g}\right] \tag{16-6}$$

McAdams 关联式：

$$\mu_{gl}=\left(\frac{x_l}{\mu_l}+\frac{1-x_l}{\mu_g}\right)^{-1} \tag{16-7}$$

Cicchitti 关联式：

$$\mu_{gl}=x_l\mu_l+(1-x_l)\mu_g \tag{16-8}$$

式中，μ_g 为气相动力黏度，Pa·s；μ_l 为液相动力黏度，Pa·s。

分相流模型把两相流看作两个单相流，各自分开流动，两相之间无相互作用，但是有速度差。先把两相分别按单相流处理，根据各自所占截面计算平均速度和压降，再考虑相间作用计算压降。L-M 关联式是人们在研究宏观尺度下的两相流压降问题时常用的分相流模型，定义式如下：

$$X^2=\frac{\left(\frac{\Delta p}{\Delta L}\right)_l}{\left(\frac{\Delta p}{\Delta L}\right)_g} \tag{16-9}$$

$$\Phi_l^2=\frac{\left(\frac{\Delta p}{\Delta L}\right)_{gl}}{\left(\frac{\Delta p}{\Delta L}\right)_l} \tag{16-10}$$

式中，$\left(\frac{\Delta p}{\Delta L}\right)_l$、$\left(\frac{\Delta p}{\Delta L}\right)_g$、$\left(\frac{\Delta p}{\Delta L}\right)_{gl}$ 分别表示微通道完全充满液体时单位长度上液相流动压降、微通道完全充满气体时单位长度上气相流动压降、单位长度上两相流动压降。

$\left(\frac{\Delta p}{\Delta L}\right)_l$、$\left(\frac{\Delta p}{\Delta L}\right)_g$ 使用单相流压降方程式(16-11)、式(16-12) 计算得到，$\left(\frac{\Delta p}{\Delta L}\right)_{gl}$ 由实验测得。

$$\left(\frac{\Delta p}{\Delta L}\right)_l=\frac{\lambda_l \rho_l u_l^2}{2d} \tag{16-11}$$

$$\left(\frac{\Delta p}{\Delta L}\right)_g=\frac{\lambda_g \rho_g u_g^2}{2d} \tag{16-12}$$

参数 Φ_l 和 X 之间满足如下的关系式：

$$\Phi_l^2=1+\frac{C}{X}+\frac{1}{X^2} \tag{16-13}$$

式中，C 是 Tabular 常数，取决于气液流动状态，其取值如表 16-1 所示。

表 16-1　Tabular 常数的取值

气相流动状态	液相流动状态	C 值
层流	层流	5
层流	湍流	10
湍流	层流	12
湍流	湍流	20

通过式(16-9) 和式(16-13) 求得 X 和 Φ_l 值，结合式(16-10) 计算微反应器中气液两相流动压降，并与实测值对比。也可根据式(16-1) 计算微反应器中气液两相流的摩擦系数。

三、实验仪器和试剂

1. 仪器

微反应器气-液两相流动压降测量实验装置如图 16-1 所示，由液体储罐、液体进料泵、液体流量计、气体钢瓶、减压阀、气体流量计、混合器、管式微反应器、收集罐以及压力表组成。管式微反应器的直径和长度可根据需要选取，也可用心形微反应器代替管式微反应器。

来自液体储罐的水经进料泵增压和液体流量计计量后进入混合器，与来自气体钢瓶经气体流量计计量的空气混合后进入微反应器，边流动边混合，再从出口流出进入收集罐，经气液分离后气体排出，废液收集后集中处理。

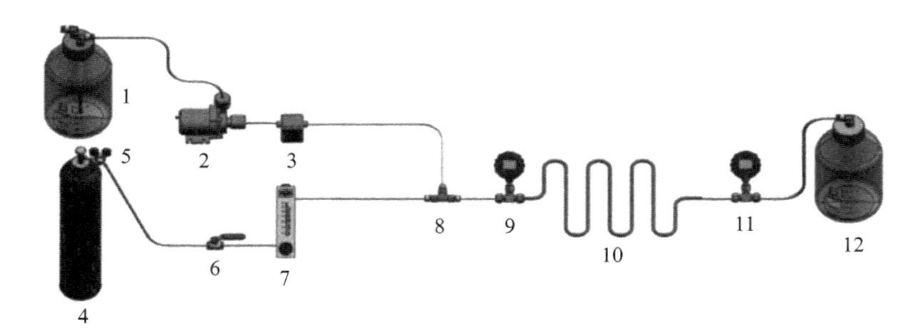

图 16-1　微反应器气-液两相流动压降测量实验装置

1—液体储罐；2—液体进料泵；3—液体流量计；4—气体钢瓶；5—减压阀；6—气路阀门；7—气体流量计；8—混合器；9—进口压力表；10—管式微反应器；11—出口压力表；12—收集罐

2. 试剂

去离子水，空气，无水乙醇。

四、实验步骤

（1）称取一定量的待测液体加入液体储罐。

（2）关闭气路阀门，开启液体进料泵，调节出口阀门开度，使液体流量达到设定值。

（3）待液体流量、微反应器进出口压力均稳定后，记录微反应器进出口压力。

（4）打开气体钢瓶，调节减压阀压力至设定值，打开气路阀门，调节气体流量至设定值，例如气体流量占比10%。待液体流量、气体流量、微反应器进出口压力均稳定后，记录进出口压力、液体流量、气体流量。

（5）保持液体流量不变，增大气体流量，例如气体流量占比分别为20%、30%、40%、50%、60%、70%、80%、90%，待液体流量、气体流量、微反应器进出口压力均稳定后，记录进出口压力、液体流量、气体流量，直至所有实验条件全部完成。

（6）如条件允许，增大液体流量，重复步骤（4）～（5）。

（7）待所有实验结束后，关闭液体进料泵，停止液体进料；关闭气路阀门、气体钢瓶减压阀。

（8）将液体储罐内的水倒空，加入一定量的无水乙醇，开启进料泵，对微反应器进行清洗；计时，在约5倍停留时间后，关闭进料泵，清洗结束。

（9）打开气体钢瓶、减压阀、气体流量计、气路阀门，吹扫3～5min后，关闭气体钢瓶、减压阀、气体流量计（此步骤可选）。

（10）将液体储罐和收集罐中液体分别倒入废液桶后清洗干净，放回原位，整理实验台，实验结束。

说明：如有条件，将管式微反应器替换为心形微反应器，重复上述步骤，开展实验并记录分析数据。

五、实验数据记录及处理

1. 实验数据记录

将实验数据记录在表16-2中。

表16-2　实验数据记录表

序号	微反应器通道截面积/m^2	液体流量/(m^3/s)	气体流量/(m^3/s)	进口压力/kPa	出口压力/kPa	压降 Δp/kPa
1						
2						
3						
4						
5						
6						
7						
8						
9						
10						
11						
12						
13						
14						
15						
16						

2. 实验数据处理

（1）计算不同操作条件下微反应器内液体流速 u_l、气体流速 u_g、两相流速 u_{gl}、气体雷诺数 Re_g、液体雷诺数 Re_l、两相流体雷诺数 Re_{gl}、气体压降 Δp_g、

液体压降 Δp_1、两相流压降 Δp_{gl}，以及分相流模型参数 Φ_1 和 X、两相流摩擦系数 λ_{gl}，填入表 16-3。

（2）分别采用单相流模型和分相流模型计算气-液两相流压降，并与实际值进行对比，分析其相对偏差大小，讨论产生偏差的原因，并尝试对模型进行修正。

（3）以气-液两相流压降 Δp_{gl} 为纵坐标，实际液体流速 u_1 的平方或两相流速 u_{gl} 的平方为横坐标，绘制压降-流速平方曲线图，并进行分析讨论。

（4）以 λ_{gl} 为纵坐标、Re_1 或 Re_{gl} 为横坐标，作出 λ_{gl}-Re_1 或 λ_{gl}-Re_{gl} 曲线图，并与常规尺寸管道数据进行对比分析。

如有条件，重复上述步骤，计算心形微反应器的压降、摩擦系数等参数，并与管式微反应器的实验结果进行对比分析。

表 16-3 实验数据处理

序号	u_g /(m/s)	u_1 /(m/s)	u_{gl} /(m/s)	Re_g	Re_1	Re_{gl}	Δp_g /kPa	Δp_1 /kPa	Φ_1	X	λ_{gl}	Δp_{gl}		
												计算值 /kPa	实测值 /kPa	相对偏差
1														
2														
3														
4														
5														
6														
7														
8														
9														
10														
11														
12														
13														
14														
15														
16														

六、注意事项

1. 改变液相流速时，从小往大逐渐调节，使压力保持在设备工作压力范围内。

2. 实验过程中，建议气体流量从小往大逐渐调节。

3. 完成实验后需要进行无水乙醇清洗操作。

七、思考题

1. 微反应器中气-液两相是否存在速度差（滑移速度）？如何估计气-液两相的速度差？气体含量对两相滑移速度有何影响？

2. 微反应器中气-液两相流摩擦系数与单相流摩擦系数有何差异？两相流摩擦系数主要受哪些参数的影响？

3. 微反应器中随着气相流速增大，会出现哪些气-液两相流型？气-液两相流型对压降会产生什么影响？

4. 当微反应器中液体为连续相、气体为分散相时，气体以气泡形式存在。若气体含量一定，气泡尺寸不同会对气-液两相流压降产生影响吗？

参考文献

[1] 王如竹，汪荣顺．低温系统．上海：上海交通大学出版社，2000.

[2] 戴莉．微通道内的气液两相流动与传质研究．天津：天津大学，2010.

[3] 姚娜．微通道中气液两相的流动与传质．西安：西北大学，2012.

实验十七 微反应器内液-液两相流动压降测量

一、实验目的

1. 掌握微反应器中互不相溶液-液两相流动压降的实验测量原理及数据处理方法。

2. 通过与常规尺寸管道中互不相溶液-液两相流动压降和摩擦系数进行对比，加深对微反应器特点的理解。

3. 了解微反应器内互不相溶液-液两相流动压降与操作条件之间的关系。

二、实验原理

液-液两相反应是非常重要的一类化工过程，例如氧化、硝化、磺化、乳液聚合等典型的液-液快速复杂反应。其反应效率很大程度上取决于反应器的混合效率和传质传热性能。如何高效地强化液-液两相流体的混合、传递过程，提高目标产物的选择性和收率，是当前研究热点之一。微反应器具有混合效率高、传质传热速率快、停留时间精确可控、安全性高等突出优点，在液-液两相反应过程中有着广阔的应用前景。

微通道中互溶液-液两相流体流动其实就是单相流体流动。对于数百微米当量直径的微通道，其流体流动行为仍然可以用常规尺寸管道中的单相流体流动理论来预测。与互溶液-液两相体系相比，互不相溶液-液两相流体流动更为复杂，相间界面由于受流动状况和界面张力等因素的影响，产生了多种界面现象，具有多种不同的流型，例如滴状流、弹状流、平行流等。目前对互不相溶液-液两相体系的研究多集中在通道结构、流体物性、操作条件等参数对流动状况的影响方面，而对以流体受力分析为基础、从流型形成机理方面出发的研究较少。因此，本实验重点关注互不相溶液-液两相流体流动特性。

压降是设计液-液两相流微反应器以及评估反应器性能的重要参数。在微反应器中液-液两相流压降主要是流体流动过程中与器壁摩擦导致的能量耗散所致，与操作条件（流速、流体性质、液-液比）、管道尺寸等参数密切相关。与气-液两相流类似，液-液两相流压降也可用均相流模型或分相流模型来预测。其中，均相流模型假设微通道内液-液两相流体充分混合，可看作一相，其压降用式(17-1）进行计算，相关模型参数的计算公式参见“实验十六　微反应器内气-液两相流动压降测量”实验原理部分。

$$\Delta p=\lambda_{\mathrm{ow}}\frac{L}{d}\times\frac{\rho_{\mathrm{ow}}u_{\mathrm{ow}}^{2}}{2} \tag{17-1}$$

式中，λ_{ow} 为油水两相流摩擦系数；L 为微通道长度，m；d 为微通道内径，m；ρ_{ow} 为油水两相混合密度，kg/m^3；u_{ow} 为油水两相混合流速，m/s。

分相流模型把液-液两相流看作两个单相流，各自分开流动，两相之间无相互作用，但是有速度差。可采用如式(17-2）和式(17-3）所示的L-M关联式计算微通道中液-液两相流压降，先把两相分别按单相流处理，根据各自所占截面计算平均速度和压降，再考虑相间作用计算液-液两相流压降。

$$X^{2}=\frac{\left(\frac{\Delta p}{\Delta L}\right)_{\mathrm{w}}}{\left(\frac{\Delta p}{\Delta L}\right)_{\mathrm{o}}} \tag{17-2}$$

$$\Phi_{\mathrm{w}}^{2}=\frac{\left(\frac{\Delta p}{\Delta L}\right)_{\mathrm{ow}}}{\left(\frac{\Delta p}{\Delta L}\right)_{\mathrm{w}}} \tag{17-3}$$

式中，$\left(\frac{\Delta p}{\Delta L}\right)_{\mathrm{w}}$、$\left(\frac{\Delta p}{\Delta L}\right)_{\mathrm{o}}$、$\left(\frac{\Delta p}{\Delta L}\right)_{\mathrm{ow}}$ 分别表示微通道完全充满水时单位长度上水相流动压降、微通道完全充满油时单位长度上油相流动压降、单位长度上油-水两相流动压降。

$\left(\frac{\Delta p}{\Delta L}\right)_{\mathrm{w}}$、$\left(\frac{\Delta p}{\Delta L}\right)_{\mathrm{o}}$ 使用单相流压降方程式(17-4)、式(17-5）计算得到，$\left(\frac{\Delta p}{\Delta L}\right)_{\mathrm{ow}}$ 由实验测得。

$$\left(\frac{\Delta p}{\Delta L}\right)_{\mathrm{w}}=\frac{\lambda_{\mathrm{w}}\rho_{\mathrm{w}}u_{\mathrm{w}}{}^{2}}{2d} \tag{17-4}$$

$$\left(\frac{\Delta p}{\Delta L}\right)_{o}=\frac{\lambda_{o}\rho_{o}u_{o}^{2}}{2d} \tag{17-5}$$

参数 Φ_{w} 和 X 之间满足如下的关系式：

$$\Phi_{w}^{2}=1+\frac{C}{X}+\frac{1}{X^{2}} \tag{17-6}$$

式中，C 是 Tabular 常数，取决于液-液两相流动状态，其取值如表 17-1 所示。

表 17-1　Tabular 常数的取值

水相流动状态	油相流动状态	C 值
层流	层流	5
层流	湍流	10
湍流	层流	12
湍流	湍流	20

通过式(17-2) 和式(17-6) 求得 X 和 Φ_{w} 值，再结合式(17-3) 计算微反应器中液-液两相流压降，并与实测值对比。也可根据式(17-1) 计算微反应器中液-液两相流的摩擦系数。

三、实验仪器和试剂

1. 仪器

微反应器内液-液两相流动压降测量实验装置如图 17-1 所示，由油相储罐、油相进料泵、油相流量计、水相储罐、水相进料泵、水相流量计、混合器、管式微反应器、进口压力表、出口压力表、收集罐等组成。管式微反应器的直径和长

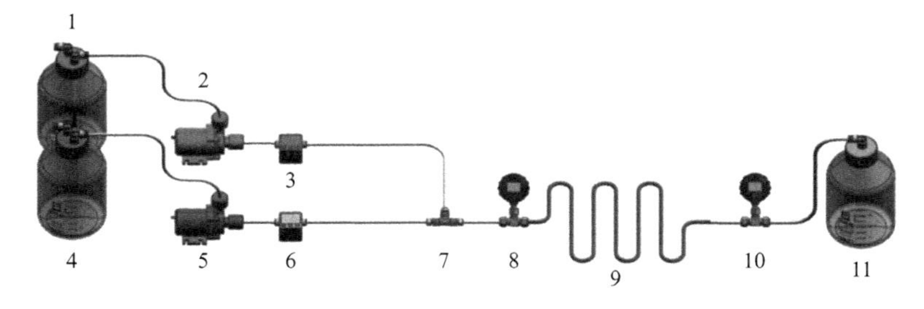

图 17-1　微反应器液-液两相流动压降测量实验装置

1—油相储罐；2—油相进料泵；3—油相流量计；4—水相储罐；5—水相进料泵；6—水相流量计；7—混合器；8—进口压力表；9—管式微反应器；10—出口压力表；11—收集罐

度可根据需要选取，也可用心形微反应器代替管式微反应器。

来自水相储罐的水经水相进料泵增压和水相流量计计量后进入混合器，与来自油相储罐的经油相进料泵增压和油相流量计计量的白油混合后进入微反应器，边流动边混合，再从出口流出进入收集罐，废液收集后集中处理。

2. 试剂

去离子水，白油，无水乙醇。

四、实验步骤

（1）称取一定量的白油加入油相储罐，称取一定量的去离子水加入水相储罐。

（2）关闭油相进料泵，开启水相进料泵，调节出口阀门开度，使水相流量达到设定值。待水相流量、微反应器进出口压力均稳定后，记录微反应器进出口压力。

（3）打开油相进料泵，调节出口阀门开度至设定值，例如油相流量占比10%，相应调小水相出口阀门开度，保持总流量不变。待水相流量、油相流量、微反应器进出口压力均稳定后，记录进出口压力、水相流量、油相流量。

（4）保持总流量不变，增大油相流量，例如油相流量占比分别为20%、30%、40%、50%、60%、70%、80%、90%，相应调小水相流量。待水相流量、油相流量、微反应器进出口压力均稳定后，记录进出口压力、水相流量、油相流量。

（5）关闭水相进料泵，继续增大油相流量，使其等于设定的总流量，待油相流量、微反应器进出口压力均稳定后，记录微反应器进出口压力。

（6）如条件允许，增大总流量，重复步骤（2）～（5）。

（7）待所有实验结束后，关闭油相进料泵和水相进料泵，停止进料。

（8）将油相储罐和水相储罐内液体倒空，加入一定量的无水乙醇，开启油相进料泵和水相进料泵，对微反应器进行清洗；计时，在约5倍停留时间后，关闭油相进料泵和水相进料泵，清洗结束。

（9）将油相储罐、水相储罐和收集罐中液体倒入废液桶后清洗干净，放回原位，整理实验台，实验结束。

说明：如有条件，将管式微反应器替换为心形微反应器，重复上述步骤，开展实验并记录分析数据。

五、实验数据记录及处理

1. 实验数据记录

将实验数据记录在表 17-2 中。

表 17-2　实验数据记录表

序号	微反应器通道截面积/m^2	水相流量/(m^3/s)	油相流量/(m^3/s)	进口压力/kPa	出口压力/kPa	压降 Δp/kPa
1						
2						
3						
4						
5						
6						
7						
8						
9						
10						
11						
12						
13						
14						
15						
16						

2. 实验数据处理

（1）计算不同操作条件下微反应器内水相流速 u_w、油相流速 u_o、两相流速 u_{ow}、油相雷诺数 Re_o、水相雷诺数 Re_w、两相流体雷诺数 Re_{ow}、油相压降 Δp_o、水相压降 Δp_w、两相流压降 Δp_{ow}，以及分相流模型参数 Φ_w 和 X、两相流摩擦系数 λ_{ow}，填入表 17-3。

（2）分别采用单相流模型和分相流模型计算液-液两相流压降，与实际值进行对比，分析其相对偏差大小，讨论产生偏差的原因，并尝试对模型进行修正。

（3）以液-液两相流压降 Δp_{ow} 为纵坐标，实际水相流速 u_w 的平方或两相流速 u_{ow} 的平方为横坐标，绘制压降-流速平方曲线图，并进行分析讨论。

（4）以 λ_{ow} 为纵坐标，Re_w 或 Re_{ow} 为横坐标，作出 λ_{ow}-Re_w 或 λ_{ow}-Re_{ow} 曲线图，并与常规尺寸管道数据进行对比分析。

如有条件，计算心形微反应器的压降、摩擦系数等参数，并与管式微反应器的实验结果进行对比分析。

表 17-3　实验数据处理

序号	u_o/(m/s)	u_w/(m/s)	u_{ow}/(m/s)	Re_o	Re_w	Re_{ow}	Δp_o/kPa	Δp_w/kPa	Φ_w	X	λ_{ow}	Δp_{ow}		
												计算值/kPa	实测值/kPa	相对偏差
1														
2														
3														
4														
5														
6														
7														
8														
9														
10														
11														
12														
13														
14														
15														
16														

六、注意事项

1. 改变液相流速时，从小往大逐渐调节，使压降保持在设备工作压力范围内。

2. 完成实验后需进行无水乙醇清洗操作。

七、思考题

1. 微反应器中油-水两相的流动特性与气-液两相的流动特性有何差异？

2. 微反应器中液-液两相流摩擦系数主要受哪些参数的影响？

3. 某些条件下微反应器中液-液两相流会形成滴状流流型。在分散相含量一定时，微液滴尺寸越小，液-液比表面积越大，越利于液-液两相传质。微液滴尺寸会对液-液两相流压降产生什么影响？

参考文献

[1] 陈光文，赵玉潮，乐军，等．微化工过程中的传递现象．化工学报，2013，64（1）：63-75.

[2] 范晓光，顾诗雅，杨磊，等．水平微通道内油水两相流压降实验研究．辽宁石油化工大学学报，2021，41（6）：9-14.

实验十八 微反应器内气-液两相流流型测量

一、实验目的

1. 了解微反应器中典型的气-液两相流流型，掌握微反应器中气-液两相流流型的测量原理及数据处理方法。

2. 掌握微反应器中气泡尺寸的测量方法和弹状流流型下气液相界面积的计算方法，考察气液流量比对气液相界面积的影响规律。

3. 通过与常规尺寸管式反应器中气-液两相流流型、气-液两相分散的主导作用力进行对比，加深对微反应器特点的理解。

二、实验原理

微反应器内流体雷诺数（惯性力与黏性力的比值）较小，属于典型的层流流动，与常规尺寸的化工设备大部分在湍流下操作明显不同。常规尺寸的化工设备内气-液两相体系的分散过程主要取决于重力和惯性力，当其特征尺寸减小到微米甚至纳米量级时，化工设备的比表面积及分散体系的比表面积均不断增大，使得壁面与流体、流体与流体之间的相互作用逐渐增强，表面张力/界面张力、黏性力等作用力取代惯性力和重力，成为影响流体流动和分散行为的主要作用力。通过计算邦德数 Bo [浮力与表面张力之比，式(18-1)]、毛细管数 Ca [黏性力与界面张力之比，式(18-2)]、韦伯数 We [惯性力与界面张力之比，式(18-3)]等无量纲准数，可以发现在微反应器内界面张力和黏性力占主导地位，在其作用下气-液两相体系易形成有规则形状的气液界面。

$$Bo=\frac{(\rho_1-\rho_g)gd^2}{\sigma} \tag{18-1}$$

$$Ca=\frac{\mu_{c}u_{c}}{\sigma} \tag{18-2}$$

$$We=\frac{\rho_{gl}u_{gl}^{2}d}{\sigma} \tag{18-3}$$

式中，μ_c 为连续相动力黏度，Pa·s；ρ_l 为液相密度，kg/m^3；ρ_g 为气相密度，kg/m^3；ρ_{gl} 为气-液两相流体密度，kg/m^3；u_c 为连续相流速，m/s；u_{gl} 为气-液两相流体流速，m/s；σ 为流体表面张力系数，N/m；g 为重力加速度，m/s^2；d 为微通道内径，m。

1. 微通道中气-液两相流流型

流型是气-液两相流最重要的性质之一，不同流型下气-液两相流的压降、传质、传热以及反应特性都有较大差异。管式微通道内气-液两相流的流型一般可分为泡状流、弹状流、弹状-环状流、搅拌流、环状流等典型流型。

如图 18-1(a)、(b) 所示，气相以分散的小气泡形式在液体中流动，呈现气相不连续特征，称为泡状流；随着气相流量的增加，液体中的气泡逐渐长大并聚集合并成较大的气泡，形成如图 18-1(c)、(d) 所示的弹状流；随着气体流量的进一步增大，气泡之间的碰撞、破裂和变形现象显著增强，促使流体形成湍动，形成如图 18-1(e)、(f) 所示的搅拌流；当气体流量继续增大时，液体被推到管壁附近，形成如图 18-1(i)、(j) 所示的由中心区域气体-壁面附近液膜构成的环

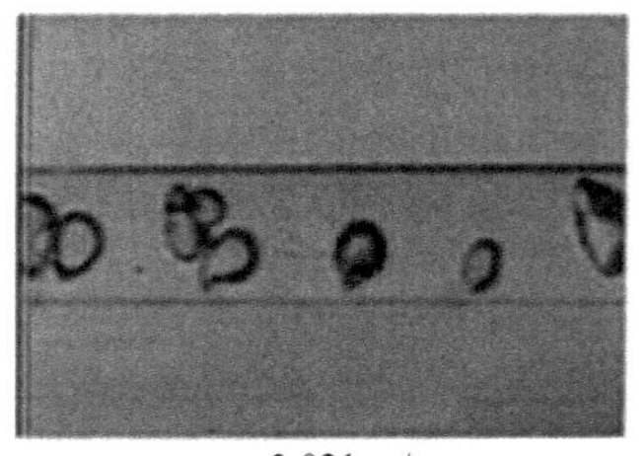

u_{ls}=3.021 m/s
u_{gs}=0.083 m/s
(a)

u_{ls}=5.997 m/s
u_{gs}=0.396 m/s
(b)

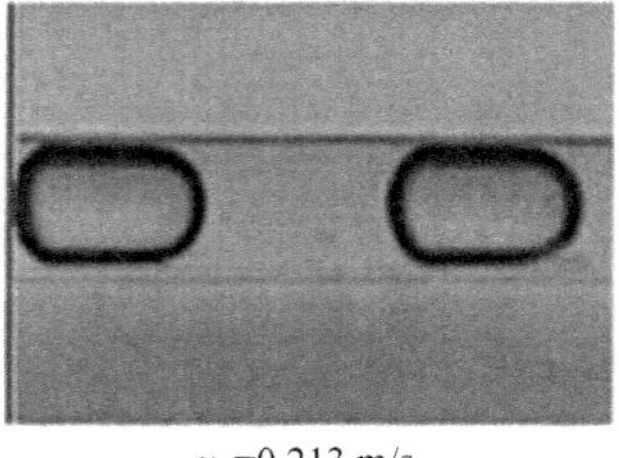

u_{ls}=0.213 m/s
u_{gs}=0.154 m/s
(c)

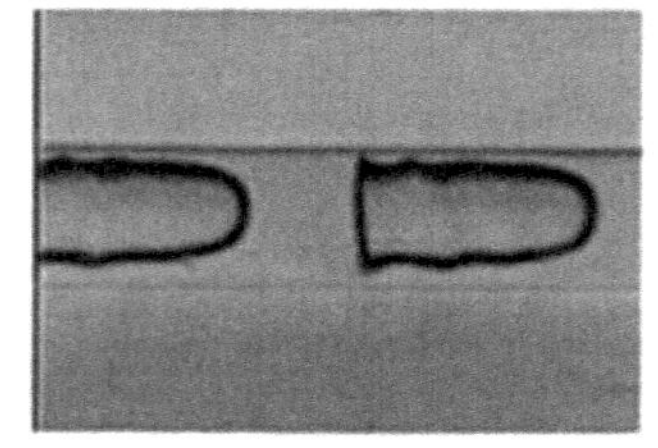

u_{ls}=0.608 m/s
u_{gs}=0.498 m/s
(d)

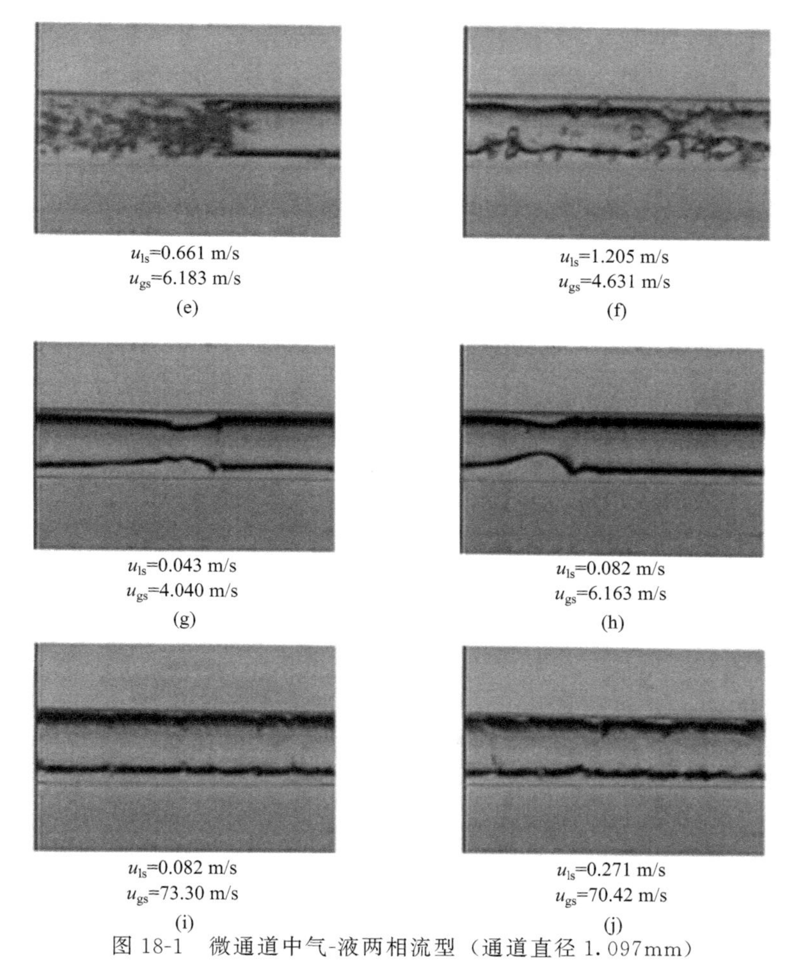

图 18-1　微通道中气-液两相流型（通道直径 1.097mm）

(a)、(b) 泡状流；(c)、(d) 弹状流；(e)、(f) 搅拌流；(g)、(h) 弹状-环状流；(i)、(j) 环状流

u_{ls}—液相表观流速；u_{gs}—气相表观流速

状流。在弹状流和环状流之间，还存在兼具二者特征的如图 18-1(g)、(h) 所示的弹状-环状流。

以气相流速、液相流速为横纵坐标绘制的具有圆形截面和半三角形截面的微通道内流型分布如图 18-2 所示，可以清楚地显示不同流型对应的操作条件。但是，这种流型图只适用于特定的流动体系和通道结构，普适性不强。如将其转换成无量纲准数，例如分别以气相韦伯数和液相韦伯数为横纵坐标所绘制的流型图适用范围更广。

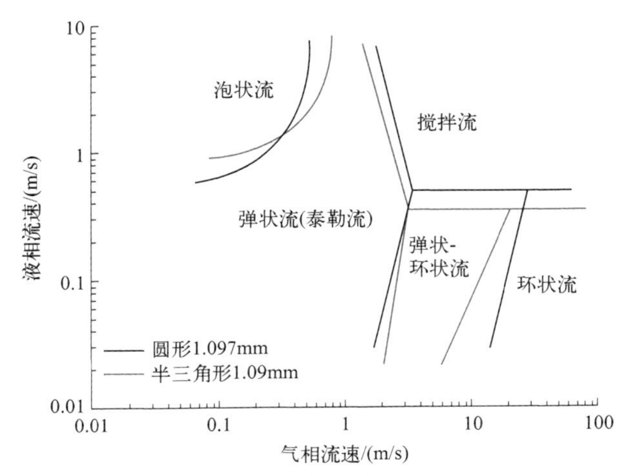

图 18-2 圆形截面和半三角形截面微通道内流型分布

2. 弹状流流型下气液比表面积测量原理

在诸多气-液两相流流型中，弹状流是一种适用于气液反应过程强化的理想流型，其基本特征是：气体为分散相，以气泡形式存在，且气泡长度大于通道宽度；液相为连续相，以液弹形式存在，相邻液弹通过液膜连接；气泡和液弹交替出现，液弹内存在内循环促进径向混合。在某些实验条件下，也会出现气体为连续相以气弹形式存在，相邻气弹通过气膜连接，液柱和气弹交替出现的弹状流。

如图 18-3 所示，对于弹状流可以做以下假设：①每个流速条件下气泡长度均一，液柱长度均一；②气泡的前后端均是半球形，气泡主体为圆柱体。由于气泡和液弹周期性交替出现，因此可以取一个气泡和一个液弹组成的单元进行计算。其中气液比表面积 a_{gl} 的计算公式如式(18-4) 所示。

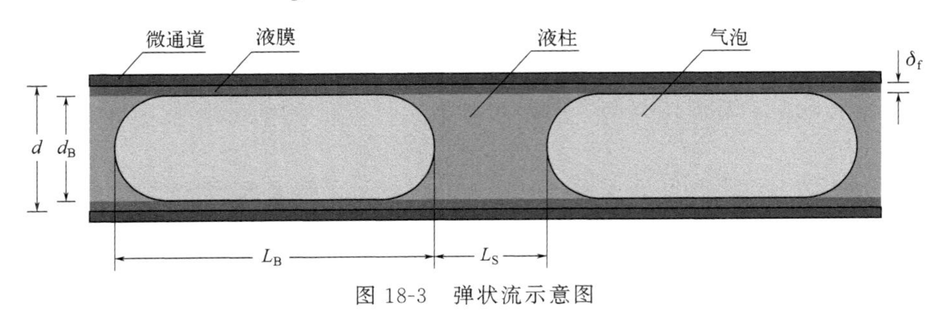

图 18-3 弹状流示意图

$$a_{gl}=\frac{S}{V}=\frac{\pi d_B^2+\pi d_B(L_B-d_B)}{\frac{1}{4}\pi d^2(L_B+L_S)}=\frac{d_B L_B}{\frac{1}{4}d^2(L_B+L_S)} \tag{18-4}$$

$$d=d_B+2\delta_f \tag{18-5}$$

式中，a_{gl} 为气液比表面积，m^2/m^3；S 为气泡表面积，m^2；V 为液体体积，m^3；δ_f 为液膜厚度，mm；L_B 为气泡长度，mm；L_S 为相邻气泡间距，mm；d_B 为气泡宽度，mm；d 为微通道内径，mm。

由式(18-4) 和式(18-5) 可以得到：

$$a_{gl}=\frac{\left(4-8\frac{\delta_f}{d}\right)\frac{L_B}{d}}{L_B+L_S} \tag{18-6}$$

由于气泡和微通道壁面之间的液膜很薄，直接从相机拍摄的照片中测量其厚度误差较大，因此可通过物料衡算估算液膜厚度。考虑到壁面附近液膜较薄，壁面对液膜有黏性曳力且液膜内液相流速很小，可以假设气泡与壁面之间的液膜是停滞的，液弹与壁面之间也有一层停滞的液膜且两处液膜厚度相同。对于气体，根据物料衡算可得：

$$(u_l+u_g)A=u_BA_B=u_SA_B \tag{18-7}$$

式中，A 为微通道反应器横截面积，m^2；A_B 为气泡主体的横截面积，m^2；u_l 为液相表观流速，m/s；u_g 为气相表观流速，m/s；u_B 为气泡移动速度，m/s；u_S 为液弹移动速度，m/s。

每个流速条件下，随机选择 10 个气泡和液柱进行测量并取其平均值。根据连续两张图像中气泡移动距离和高速摄像机的拍摄频率，计算气泡的移动速度 u_B。在弹状流中，由于气泡和通道内壁之间存在液膜，因此气泡的运动速度略高于两相表观流速之和，即：

$$u_B=\eta(u_l+u_g) \tag{18-8}$$

式中，η 为修正系数，文献取值为 1.2～1.3。

由式(18-7) 和式(18-8) 可得：

$$\frac{\delta_f}{d}=\frac{1}{2}\left(1-\sqrt{\frac{A_B}{A}}\right)=\frac{1}{2}\left(1-\sqrt{\frac{u_l+u_g}{u_B}}\right)=\frac{1}{2}\left(1-\sqrt{\frac{1}{\eta}}\right) \tag{18-9}$$

将式(18-9) 代入式(18-6) 可得：

$$a_{gl}=\frac{4\sqrt{\frac{1}{\eta}}\times\frac{L_B}{d}}{L_B+L_S} \tag{18-10}$$

三、实验仪器和试剂

1. 仪器

微反应器内气-液两相流流型测量实验装置如图 18-4 所示，由液体储罐、液体进料泵、液体流量计、气体钢瓶、减压阀、气体阀门气体流量计、混合器、管式微反应器、收集罐以及压力表、高速相机、冷光源等组成。采用玻璃或聚氯乙烯（PVC）等聚合物制成透明可视的微通道反应器，通道截面为圆形或矩形，其直径和长度可根据需要选取。

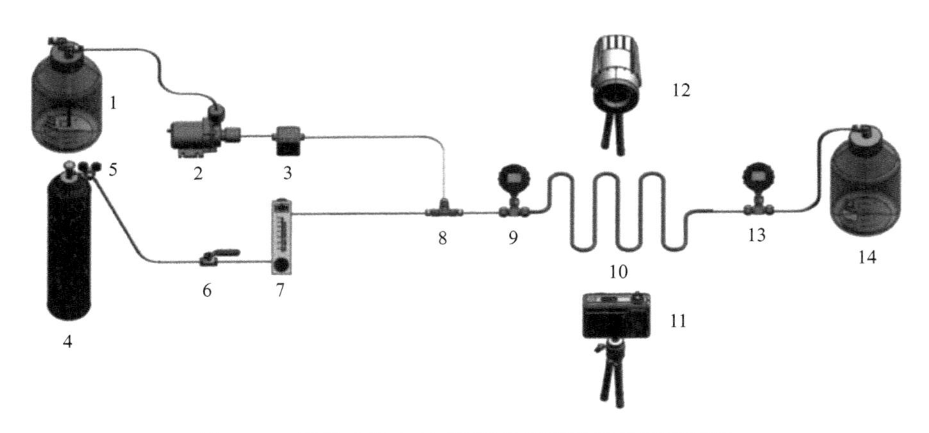

图 18-4　微反应器内气-液两相流流型测量实验装置

1—液体储罐；2—液体进料泵；3—液体流量计；4—气体钢瓶；5—减压阀；6—气体阀门；7—气体流量计；8—混合器；9—进口压力表；10—管式微反应器；11—高速相机；12—冷光源；13—出口压力表；14—收集罐

来自液体储罐的水经液体进料泵增压和液体流量计计量后进入混合器，来自气体钢瓶经气体流量计计量的空气或氮气也进入混合器，气液两相在混合器中混合后进入管式微反应器，边流动边混合，再从出口流出进入收集罐，经气液分离后，废液收集后集中处理。

实验过程中，采用高速相机拍摄微反应器内流型。微反应器放在物架台上，上方放置 CCD 高速相机，底部放置冷光源进行照明。高速相机采集的数据经网线传送到电脑中，由专用软件接收并存储在电脑硬盘中，用于后续图像及数据处理。某些实验条件下，也可用普通相机或手机进行拍摄。

2. 试剂

水，氮气或空气，无水乙醇。

四、实验步骤

（1）称取一定量的水装入液体储罐。

（2）关闭气路阀门，开启液体进料泵，调节出口阀门开度，使液体流量达到设定值。

（3）打开气体钢瓶，调节减压阀压力至设定值，打开气路阀门，调节气体流量至设定值，例如气体流量占比 10%。待液体流量、气体流量、微反应器进出口压力均稳定后，记录进出口压力、液体流量、气体流量。

（4）打开高速相机和冷光源，对准微反应器，调节光源和高速相机参数，直至可以拍摄到清晰的图像，记录图像数据。

（5）保持液体流量不变，改变气体流量，例如气体流量占比分别为 20%、30%、40%、50%、60%、70%、80%、90%，重复步骤（4）～（5），直至所有实验条件全部完成。

（6）关闭气路阀门，关闭气体钢瓶和减压阀；关闭液体进料泵。

（7）将液体储罐内液体倒空，加入一定量的无水乙醇，开启进料泵，对微反应器进行清洗；计时，在约 5 倍停留时间后，关闭进料泵，清洗结束。

（8）打开气体钢瓶、减压阀、气路阀门，吹扫 3～5min 后，关闭气体钢瓶、减压阀、气路阀门（此步骤可选）。

（9）待所有实验完成后，将液体储罐和收集罐中液体分别倒入废液桶，清洗干净，放回原位，整理实验台，实验结束。

说明：如有条件，将管式微反应器替换为心形微反应器，重复上述步骤，开展实验并记录分析数据。

五、实验数据记录及处理

1. 实验数据记录

将实验数据记录在表 18-1 中。

表 18-1　实验数据记录表

序号	微反应器通道截面积 $/m^2$	液体流量 $/(m^3/s)$	气体流量 $/(m^3/s)$	液相表观流速/(m/s)	气相表观流速/(m/s)	气相韦伯数	液相韦伯数	气-液两相流型
1								
2								
3								
4								
5								
6								
7								
8								
9								
10								
11								
12								

2. 实验数据处理

（1）分别计算不同操作条件下的液相表观流速、气相表观流速、气相韦伯数、液相韦伯数，根据观测得到的气-液两相流动特征，结合实验原理所描述的流型特征判别气-液两相流型，填入表 18-1 中。分别绘制以液相表观流速为纵坐标、气相表观流速为横坐标的流型图和以气相韦伯数为纵坐标、液相韦伯数为横坐标的流型图。

（2）气液比表面积计算：选取弹状流流型的图像，按照实验原理部分所述的方法处理图像，得到如表 18-2 所示的数据，利用式(18-10) 计算气液比表面积。对比分析直接从相机拍摄的照片中测量的液膜厚度与根据物料平衡计算的液膜厚度的相对偏差，并分析其对气液比表面积计算结果的影响。每个实验条件下采集至少 10 个不同时间段或不同位置的照片，进行气液比表面积计算并取其平均值作为最终结果。

表 18-2　弹状流流型下气液比表面积计算数据记录表

序号	气相表观流速 (u_g)/(m/s)	液相表观流速 (u_l)/(m/s)	气泡移动速度 (u_B)/(m/s)	$\eta=\dfrac{u_B}{u_g+u_l}$	气泡长度 (L_B)/mm	相邻气泡间距 (L_S)/mm	通道内径 (d)/mm	气液比表面积 (a_{gl}) $/(m^2/m^3)$
1								
2								
3								

（3）计算不同实验条件下管式微反应器中邦德数 Bo、毛细管数 Ca、韦伯数 We，并与常规尺寸管道进行对比，分析讨论管道尺寸、流速等参数对这些准数以及主导作用力的影响规律。

六、注意事项

1. 改变液相流速时，从小往大逐渐调节，使压力保持在设备工作压力范围内。

2. 实验过程中，建议气体流量从小往大逐渐调节。

3. 完成实验后需要进行无水乙醇清洗操作。

七、思考题

1. 微反应器通道直径变大、长度不变，会对气-液两相流流型产生什么影响？微反应器通道尺寸不变，改变液体物性，例如黏度或密度，会对气-液两相流流型产生什么影响？微反应器截面积不变，改变截面形状，会对气-液两相流流型产生什么影响？

2. 在相同流型下，改变气液流量比或液体物性，气液比表面积会如何变化？思考二者之间的关联。

参考文献

[1] 骆广生，吕阳成，王凯，等．微化工技术．北京：化学工业出版社，2020.

[2] 刘有智．化工过程强化方法与技术．北京：化学工业出版社，2017.

[3] Triplett K A，Ghiaasiaan S M，Abdel-Khalik S I，et al. Gas-liquid two-phase flow in microchannels Part Ⅰ：Two-phase flow patterns. International Journal of Multiphase Flow，1999，25（3）：377-394.

[4] 戴莉．微通道内的气液两相流动与传质研究．天津：天津大学，2010.

实验十九 微反应器内液-液两相流流型测量

一、实验目的

1. 了解微反应器中典型的液-液两相流流型，掌握其测量原理及数据处理方法。

2. 掌握微反应器中弹状流及滴状流流型下液-液比表面积的计算方法。

3. 通过与常规尺寸管道中液-液两相流流型、液-液两相分散的主导作用力进行对比，加深对微反应器特点的理解。

二、实验原理

液-液微分散技术是微化工技术的重要研究方向之一，通过制备粒径可控的微米及亚毫米级液滴，可有效强化相间传质过程，在诸多领域有着广阔的应用前景。与管式微反应器内气-液两相流相比，由于液-液两相流具有不可压缩性，压力变化对其影响较小，而且其稳定性也更好，因此其流型相对简单。

1. 微通道中液-液两相流流型

如图 19-1 所示，管式微通道内互不相溶的液-液两相流流型可分为平行流、环状流、弹状流、滴状流等。液-液两相流流型主要是由连续相流动产生的黏性剪切力决定的，当分散相流量与连续相流量的比值（下文简称流量比）较大时，连续相的剪切力相对较小，分散相的惯性力不能忽略，并在液-液两相流动中起主导作用，使分散相在微通道中保持连续流动而不至于被连续相剪断，此时只能形成两相环状流或平行流，如图 19-1(c) 和 (d) 所示。其中，当两相流速都比较小时，连续相不足以截断分散相，两相各在微通道一侧流动，两相界面比较稳定，形成平行流；当分散相流速较大时，其在主通道中连续流动，而连续相则包围着分散相在微通道近壁面处流动，这种流型称为环状流。随着流量比的减小，由于界面张力无法平衡分散相堵塞主通道而形成的压差和两相的惯性力，分散相被连续相挤压断裂形成弹状流，如图 19-1(a) 所示。当流量比足够小时，连续相流速高，剪切力较大，能将分散相剪切形成规则的液滴，称为滴状流，如图 19-1(b) 所示。由于破碎时间极短，分散相不足以填满通道入口段，液滴粒径比液柱长度小得多。在形成滴状流之后，随着连续相流速的继续增加，还可能会形成喷射流。

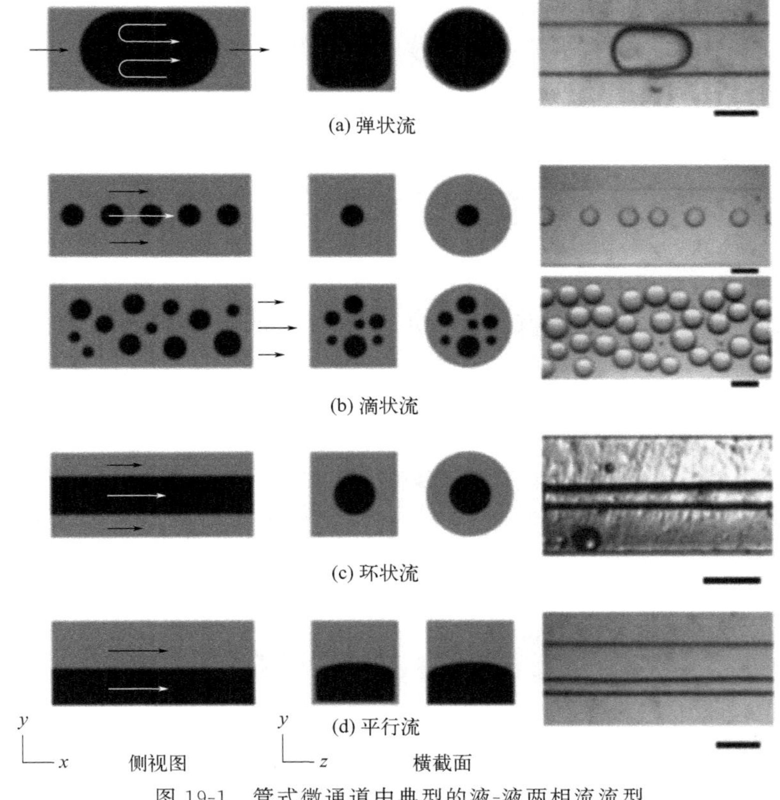

图 19-1　管式微通道中典型的液-液两相流流型

朱春英等采用高速摄像法观测了环己烷-水体系在对流 T 型和 Y 型通道内液-液两相流流型，其中水为连续相，环己烷为分散相，获得了滴状流、弹状流和平行流等三种稳定流型，并绘制了如图 19-2 所示的以两相表观速度为坐标轴的流型图，给出了流型转换线。但是，这种流型图只适用于特定的流动体系和通道

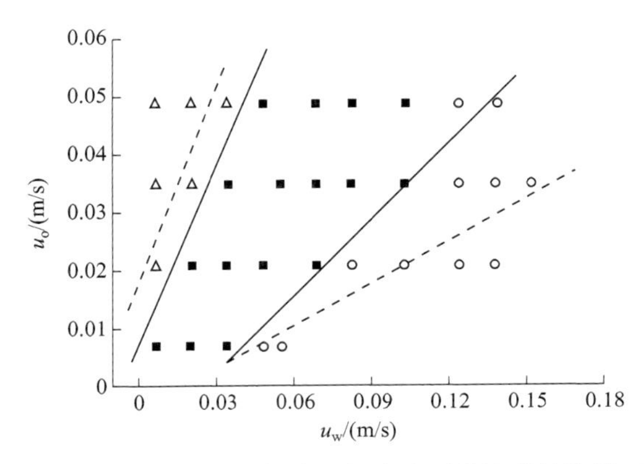

图 19-2　40μm×100μm 微通道中内液-液两相流流型及流型转换线（进口夹角 120°）

△平行流；■弹状流；○滴状流；—Y 型通道内转换线；---T 型通道内转换线

结构，普适性不强。如将其转换成无量纲准数，例如分别以连续相韦伯数和分散相韦伯数为横纵坐标，所绘制的流型图适用范围更广。如图 19-3 所示，当两相韦伯数较低（均小于 1）时，两相表面张力起主导作用，此时分散相在微通道内形成弹状流（SDT）、滴状流（MDT）或光滑表面的平行流（PFST）；当两相韦伯数逐渐增大时，微通道内液滴的形成受表面张力和惯性力的共同作用，此时的流型为液滴群流（DPM）和波平行流（PFWT）；随着两相韦伯数的进一步增大（均大于 10）时，惯性力占据主导地位，微通道内出现的主要流型变为液滴群流和混乱的细条纹流（CTST）。

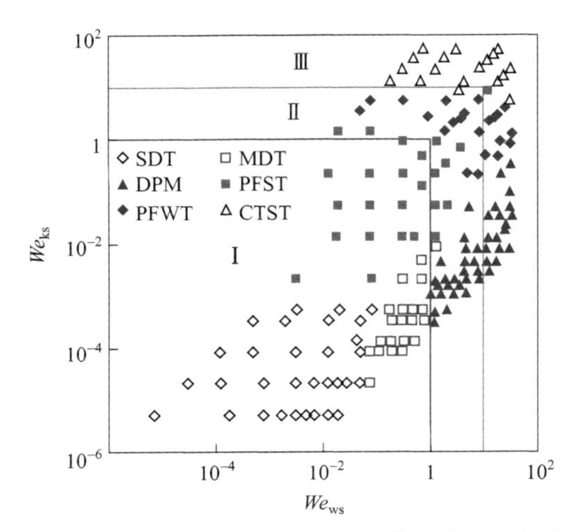

图 19-3　T 型微通道内以液-液两相韦伯数为坐标的流型图

可以参考 Kashid 等提出的以 $Re_d d_h/\varepsilon_d$ 为特征参数的判断准则来判别微通道中的液-液两相流流型，包括：

① 表面张力主导区：$Re_d d_h/\varepsilon_d < 0.1\text{m}$，该区域出现的流型为弹状流。

② 过渡区：$0.1\text{m} < Re_d d_h/\varepsilon_d < 0.35\text{m}$，该区域出现的流型主要为弹状流和变形界面流。

③ 惯性力主导区：$Re_d d_h/\varepsilon_d > 0.35\text{m}$，该区域两相流速较高，惯性力逐渐占据主导地位，形成的流型为环状流/平行流。

其中，Re_d 为分散相雷诺数；d_h 为水力直径；ε_d 为分散相含量。

2. 弹状流和滴状流流型下液-液比表面积测量原理

在微通道内众多液-液两相流流型中，弹状流及滴状流流型稳定，两相界面十分清晰，液滴尺寸可以较为准确地测量。其中，弹状流流型下液液两相比表面积的计算方法与气液两相比表面积的计算方法相同，参考“实验十八　微反应器内气-液两相流流型测量”实验原理部分。改变操作条件，使微通道内形成稳定的弹状流流型，随机选择至少 10 组液柱和液弹进行测量并取其平均值作为最终结果。

此外，改变操作条件，使微通道内形成稳定的滴状流流型，采用高速相机拍摄固定长度的微通道内液-液两相流流型照片，如图 19-4 所示，统计一定长度的微通道内分散相液滴数量及每个液滴的粒径，采用式(19-1) 可计算液液比表面积。其中，可采用 Image J 软件进行图像处理，以获得液滴粒径数据。每个实验条件下采集至少 3 个不同时间段或不同位置的照片（建议液滴数量不少于 10 个），进行液液比表面积测量并取其平均值作为最终结果。

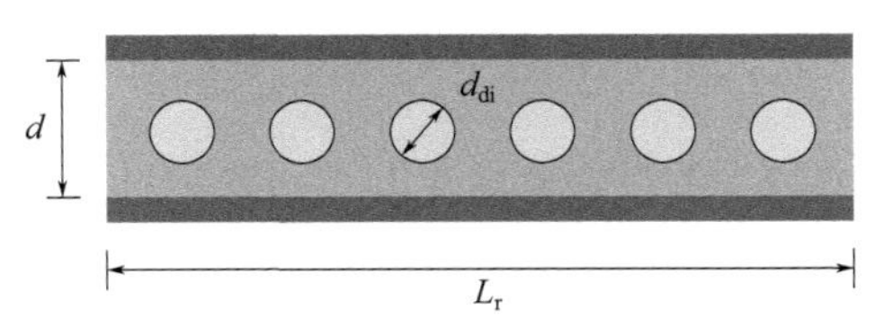

图 19-4　滴状流示意图

$$a_{ow} = \frac{\sum_{i=1}^{n} \frac{\pi}{6} d_{di}^3}{\frac{\pi}{4} d^2 L_r - \sum_{i=1}^{n} \frac{\pi}{6} d_{di}^3} = \frac{2\sum_{i=1}^{n} d_{di}^3}{3d^2 L_r - 2\sum_{i=1}^{n} d_{di}^3} \tag{19-1}$$

式中，a_{ow} 为液液比表面积，m^2/m^3；d_{di} 为第 i 个液滴直径，mm；n 为液滴数量；L_r 为微通道长度，mm；d 为微通道内径，mm。

三、实验仪器和试剂

1. 仪器

微反应器内液-液两相流流型测量实验装置如图 19-5 所示，由油相储罐、油相进料泵、油相流量计、水相储罐、水相进料泵、水相流量计、混合器、管式微反应器、收集罐以及压力表、高速相机、冷光源等组成。采用玻璃或聚氯乙烯（PVC）等聚合物制成透明可视的微通道反应器，通道截面为圆形或矩形，其直径和长度可根据需要选取。

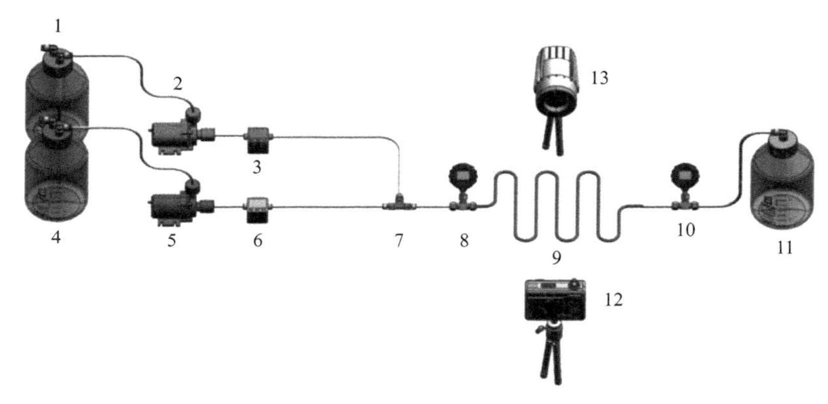

图 19-5　微反应器内液-液两相流型测量实验装置

1—油相储罐；2—油相进料泵；3—油相流量计；4—水相储罐；5—水相进料泵；6—水相流量计；7—混合器；8—进口压力表；9—管式微反应器；10—出口压力表；11—收集罐；12—CCD 高速相机；13—冷光源

来自水相储罐的水经水相进料泵增压和水相流量计计量后进入混合器，与来自油相储罐的经油相进料泵增压流量计计量的硅油混合后进入微反应器，边流动边混合，再从出口流出进入收集罐，废液收集后集中处理。实验过程中，采用高速相机拍摄微反应器内液-液两相流流型。微反应器放在物架台上，上方放置 CCD 高速相机，底部放置冷光源进行照明。高速相机采集的数据经网线传送到电脑中，由专用软件接收并存储在电脑硬盘中，用于后续图像及数据处理。某些实验条件下，也可用普通相机或手机进行拍摄。

2. 试剂

离子水，2～3 种不同黏度的硅油或白油，无水乙醇。其中水为连续相，硅油或白油为分散相。

四、实验步骤

（1）称取一定量的水（连续相）与硅油（分散相）分别装入不同液体储罐。

（2）关闭油相进料泵，开启水相进料泵，调节出口阀门开度，使水流量达到设定值，充分润湿微反应器，以避免硅油在微通道内沉积。

（3）打开油相进料泵，调节出口阀门开度，使硅油流量达到设定值，例如油相流量占比10%，相应调小水相出口阀门开度，保持总流量不变。待水相流量、油相流量、微反应器进出口压力均稳定后，记录进出口压力、水相流量、油相流量。

（4）打开高速相机和冷光源，对准微反应器，调节光源和高速相机参数，直至可以拍摄到清晰的图像，记录图像数据。

（5）保持总流量不变，增大油相流量，例如油相流量占比分别为20%、30%、40%、50%、60%、70%、80%、90%，相应调小水相流量，重复步骤（4）～（5），直至所有实验条件全部完成。

（6）如条件允许，增大总流量，重复步骤（2）～（5）。

（7）待所有实验结束后，关闭油相进料泵和水相进料泵，停止进料；将油相储罐和水相储罐内液体倒空，加入一定量的乙醇，开启油相进料泵和水相进料泵，对微反应器进行清洗；计时，在约5倍停留时间后，关闭油相进料泵和水相进料泵，清洗结束。

（8）将油相储罐、水相储罐和收集罐中液体倒入废液桶后清洗干净，放回原位，整理实验台，实验结束。

说明：如条件允许，可以更换不同黏度的硅油，重复步骤（1）～（8），开展实验并记录分析数据。

五、实验数据记录及处理

1. 实验数据记录

将实验数据记录在表19-1中。

表 19-1　实验数据记录表

序号	微反应器通道截面积/m^2	水相流量/(m^3/s)	油相流量/(m^3/s)	水相表观流速/(m/s)	油相表观流速/(m/s)	水相韦伯数	油相韦伯数	液-液两相流型
1								
2								
3								
4								
5								
6								
7								
8								
9								
10								
11								
12								

2. 实验数据处理

（1）分别计算不同操作条件下微反应器内水相流速 u_w、油相流速 u_o、两相流速 u_{ow}、油相雷诺数 Re_o、水相雷诺数 Re_w、两相流体雷诺数 Re_{ow}，根据观测得到的液-液两相流动特征，结合实验原理所描述的流型特征判别液-液两相流流型，填入表 19-1 中。分别绘制以两相流速为坐标的流型图和以两相韦伯数为坐标的流型图。

（2）液液比表面积测量：选取弹状流流型的图像，按照“实验十八微反应器内气-液两相流流型测量”实验原理部分所述的方法处理图像，得到如表 19-2 所示的数据，并计算液液比表面积。选取滴状流流型的图像，按照实验原理部分所述的方法处理图像，得到如表 19-3 所示的数据，利用式(19-1) 计算液液比表面积。

表 19-2　弹状流流型下液液比表面积计算数据记录表

序号	连续相表观流速 u_c/(m/s)	分散相表观流速 u_d/(m/s)	液柱流速 u_{lB}/(m/s)	$\eta=\frac{u_{lB}}{u_c+u_d}$	液柱长度 L_{lB}/mm	相邻液柱间距 L_{lS}/mm	通道内径 d/mm	液液比表面积 a_{ow}/(m^2/m^3)
1								

续表

序号	连续相表观流速 u_c/(m/s)	分散相表观流速 u_d/(m/s)	液柱流速 u_{lB}/(m/s)	$\eta=\frac{u_{lB}}{u_c+u_d}$	液柱长度 L_{lB}/mm	相邻液柱间距 L_{lS}/mm	通道内径 d/mm	液液比表面积 a_{ow}/(m^2/m^3)
2								
3								

表 19-3　滴状流流型下液液比表面积计算数据记录表

序号	液滴直径 d_{di}/mm						液滴总表面积 /mm^2	微通道内径 d /mm	微通道长度 L_r /mm	液液比表面积 a_{ow}/(m^2/m^3)
	1	2	3	…	$n-1$	n				
1										
2										
3										

(3) 计算不同实验条件下管式微反应器中邦德数 Bo、毛细管数 Ca、韦伯数 We，并与常规尺寸管道进行对比，分析讨论管道尺寸、流速等参数对这些准数以及主导作用力的影响规律。

六、注意事项

1. 改变液相流速时，从小往大逐渐调节，使压降保持在设备工作压力范围内。

2. 完成实验后需要进行无水乙醇清洗操作。

七、思考题

1. 分散相黏度对微通道内液-液两相流流型有何影响?

2. 微通道形状、内表面浸润性对液-液两相流流型有何影响?

3. 对于多相微分散体系，质量传递与微分散过程之间存在着较强的协同作用。引入传质过程对液滴的分散尺寸有何影响?

参考文献

[1] Wang K，Luo G S. Microflow extraction：A review of recent development. Chemical Engineering Science，2017，169：18-33.

[2] 陈武铠．对流 T 型微通道内液滴形成过程及液滴长度的实验研究．济南：山东大学，2020.

[3] 朱春英，付涛涛，高习群，等．微通道内液液两相流流型．化工进展，2011，30（S2）：65-69.

[4] 钱锦远，李晓娟，吴赞，等．微通道内液-液两相流流型及传质的研究进展．化工进展，2019，38（4）：1624-1633.

[5] Kiwi-Minsker K L. Quantitative prediction of flow patterns in liquid-liquid flow in micro-capillaries. Chemical Engineering and Processing，2011，50（10）：972-978.

实验二十

微反应器内停留时间分布测量

一、实验目的

1. 掌握微反应器内停留时间分布的测量原理及数据处理方法。
2. 掌握紫外-可见吸收光谱法测量物质含量的原理及方法。
3. 了解连续均相流动反应器的非理想流动以及产生返混的原因。

二、实验原理

停留时间分布（residence time distribution，RTD）是化学反应工程中的一个重要概念，反映了物料在反应器中的流动与混合状态，是表征反应器性能的重要参数。不同类型的反应器具有不同的停留时间分布，而同一反应器，采用不同的操作方法，也具有不同的停留时间分布。停留时间分布可以用于判别一个实际反应器与理想反应器的偏离程度。

1. 微反应器中停留时间分布的测量原理

一般采用示踪响应法测定停留时间分布。其基本思路是：在反应器入口以一定的方式加入示踪剂，然后通过测量反应器出口处示踪剂浓度的变化，间接地描述反应器内流体的停留时间。根据示踪剂加入方式的不同，通常可分为脉冲法、阶跃法和周期输入法。本实验选用脉冲法，在极短时间内将示踪剂从微反应器的入口处注入主流体，在不影响主流体原有流动特性的情况下随之进入反应器。同时，在微反应器的出口采用紫外-可见（UV-Vis）分光光度计检测示踪剂浓度随时间的变化，进而得到示踪剂在微反应器内的停留时间分布。

分光光度法测量示踪剂的浓度具有简洁、响应速度快的特性。其基本原理是：不同物质对光的吸收具有选择性，在光照的辐射下部分光会被吸收，特定的物质会在特定的波长处有强烈的吸收峰，称为特征吸收峰，当用某种单色光束照射示踪剂溶液时，透射光的强度由于被溶液吸收而减弱，光强度减弱的程度与溶液浓度呈线性关系。本实验选用的在线紫外-可见分光光度计适用于含苯环和有颜色物质的连续在线监测，一般由微型光纤光谱仪、脉冲氙灯、流通池、系统电源等几部分组成。微型光纤光谱仪控制脉冲氙灯发出紫外可见光，经透镜或光纤照射到待测样品上，被待测样品吸收或反射后，经透镜或光纤耦合通过入口狭缝进入微型光谱仪，经光栅分光后被线阵 CCD 接收。在紫外-可见光吸收光谱的分析中，在选定的波长下，吸光度与物质浓度的关系可用光的吸收定律即朗伯-比尔定律来描述：

$$A=\lg\frac{I_{\mathrm{i}}}{I_{\mathrm{o}}}=\varepsilon bc \tag{20-1}$$

式中，A 为溶液吸光度；I_{i} 为入射光强度；I_{o} 为透射光强度；ε 为溶液摩尔吸光系数，L/(mol·cm)；b 为溶液厚度，cm；c 为溶液浓度，mol/L。

2. 停留时间分布数据的处理方法

如图 20-1 所示，脉冲法测得的停留时间分布代表了示踪剂在反应器中的停留时间分布密度，即 $E(t)$，其定义是：在某一瞬间向系统加入总量为 m 的示踪剂，该物料中各流体粒子将经过不同的停留时间后依次流出，而停留时间在$[t, t+\mathrm{d}t]$间的示踪剂占全部示踪剂的百分比为 $E(t)\mathrm{d}t$。

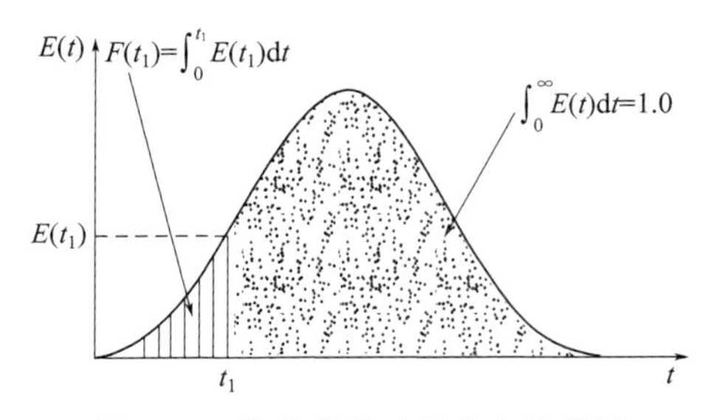

图 20-1　单釜停留时间分布示意图

若加入示踪剂后混合流体的流率为 Q，出口处示踪剂浓度为 $c(t)$，在 $\mathrm{d}t$ 时间内示踪剂的流出量为 $Qc(t)\mathrm{d}t$，对反应器做示踪剂的物料衡算，即：

$$Qc(t)\mathrm{d}t=mE(t)\mathrm{d}t \tag{20-2}$$

示踪剂的加入量可以用下式计算：

$$m=\int_0^{\infty} Qc(t)\mathrm{d}t \tag{20-3}$$

在 Q 值不变的情况下，由式(20-2) 和式(20-3) 可得：

$$E(t)=\frac{c(t)}{\int_0^{\infty} c(t)\mathrm{d}t} \tag{20-4}$$

为了比较不同停留时间分布之间的差异，还需要引入另外两个统计特征值，即数学期望和方差。数学期望对停留时间分布而言就是加权平均值，为平均停留时间 $\bar{t}$，即：

$$\bar{t}=\frac{\int_0^{\infty} tE(t)\mathrm{d}t}{\int_0^{\infty} E(t)\mathrm{d}t} \tag{20-5}$$

方差 σ_t^2 是指流体通过反应器所需停留时间和平均停留时间之差的平方的加权平均值，它反映了停留时间分布的离散程度，即：

$$\sigma_t^2=\frac{\int_0^{\infty}(t-\bar{t})^2E(t)\mathrm{d}t}{\int_0^{\infty} E(t)\mathrm{d}t}=\int_0^{\infty} t^2E(t)\mathrm{d}t-(\bar{t})^2 \tag{20-6}$$

可将式(20-4) 和式(20-5) 改写成离散型函数：

$$\bar{t}=\frac{\sum tE(t)\Delta t}{\sum E(t)\Delta t}=\frac{\sum tc(t)\Delta t}{\sum c(t)\Delta t}=\frac{\sum tc(t)}{\sum c(t)} \tag{20-7}$$

$$\sigma_t^2=\frac{\sum t^2E(t)\Delta t}{\sum E(t)\Delta t}-(\bar{t})^2=\frac{\sum t^2c(t)\Delta t}{\sum c(t)\Delta t}-(\bar{t})^2=\frac{\sum t^2c(t)}{\sum c(t)}-(\bar{t})^2 \tag{20-8}$$

为了便于比较不同条件下的停留时间分布，采用无量纲停留时间，令 $\theta=\frac{t}{\bar{t}}$，则有：

$$E(\theta)=\bar{t}E(t) \tag{20-9}$$

$$\sigma_\theta^2=\frac{\sigma_t^2}{(\bar{t})^2} \tag{20-10}$$

对于平推流，微反应器中各物料质点之间完全不返混，即 $\sigma_\theta^2=0$；对于全混流，微反应器中各处物料浓度相等且等于出口处物料的浓度，即 $\sigma_\theta^2=1$。真实反应器的流体返混程度位于这两种理想反应器之间，可用多釜串联模型（多个等容积理想全混釜串联）对停留时间分布曲线进行拟合，得到模型参数 N，N 越大越接近平推流，$N=1$ 对应全混流。可根据式(20-11) 计算多釜串联模型参数 N，再与理论值进行比较。

$$\sigma_\theta^2=\frac{1}{N} \tag{20-11}$$

由于实验过程中注入的示踪剂脉冲不是一个完美的脉冲，其出口浓度分布是入口浓度分布和停留时间分布的卷积。因此，可使用指数修正的高斯分布模型［式(20-12)］回归入口和出口浓度分布来提取停留时间分布，并通过编写程序来获得实验测定和理想连续搅拌反应器（CSTRs）的 RTD。图 20-2 所示为采用该法得到的不同转速下微型多级串联连续搅拌釜式反应器的停留时间分布密度曲线。

$$E(t)=\frac{\lambda}{2}\exp\left[\frac{\lambda}{2}(2\mu+\lambda\sigma^2-2t)\right]\mathrm{erfc}\left(\frac{\mu+\lambda\sigma^2-t}{\sqrt{2}\sigma}\right) \tag{20-12}$$

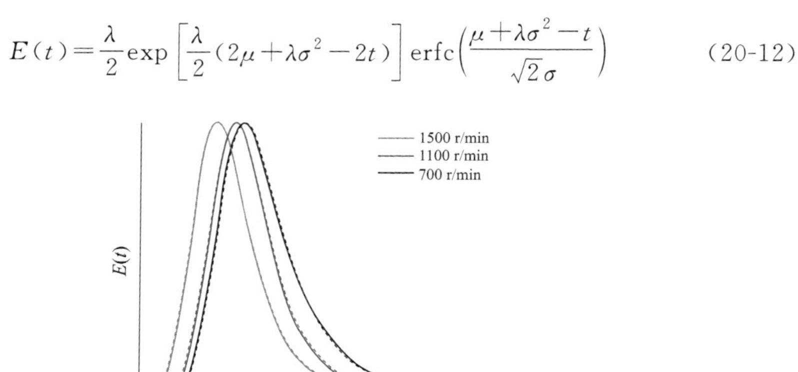

图 20-2　不同转速下微型多级串联连续搅拌釜式反应器的停留时间分布

三、实验仪器和试剂

1. 仪器

管式微反应器停留时间分布测量实验装置如图 20-3 所示，由液体储罐、液体进料泵、液体流量计、示踪剂注射器、两路六通阀、管式微反应器、收集罐、在线紫外-可见分光光度计组成。实验过程中，以去离子水作为连续相，由液体进料泵增压和液体流量计计量后，经两路六通阀连续流经管式微反应器，再进入收集罐；示踪剂通过两路六通阀以脉冲形式注入微反应器中；在微反应器入口和出口处采用在线紫外-可见分光光度计实时测量并记录示踪剂的浓度变化，或者在微反应器出口处定时收集液体样品（4～8 滴），经稀释后用紫外-可见分光光度计分析其浓度。

脉冲法进料原理及步骤如下：①使六通阀处于如图 20-4(a) 所示的状态，采用注射器向六通阀和样品定量环中注入一定量的示踪剂（例如 12μL），多余的示踪剂从位置 2 流出；②启动液体进料泵，使水以设定的流速通过位置 4、5 进入

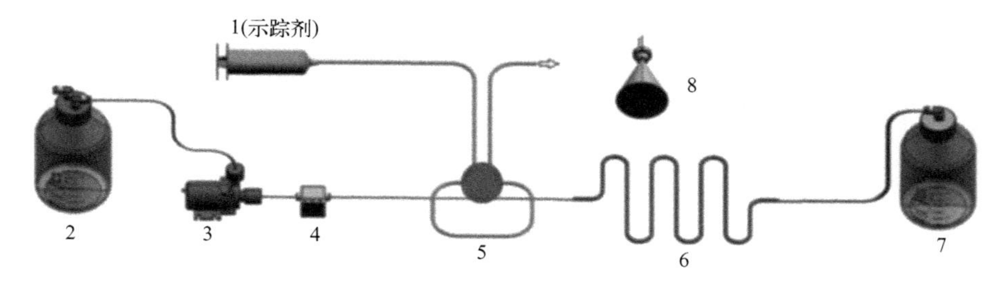

图 20-3 管式微反应器停留时间分布测量实验装置

1—示踪剂注射器；2—液体储罐；3—液体进料泵；4—液体流量计；5—两路六通阀；6—管式微反应器；7—收集罐；8—在线紫外-可见分光光度计

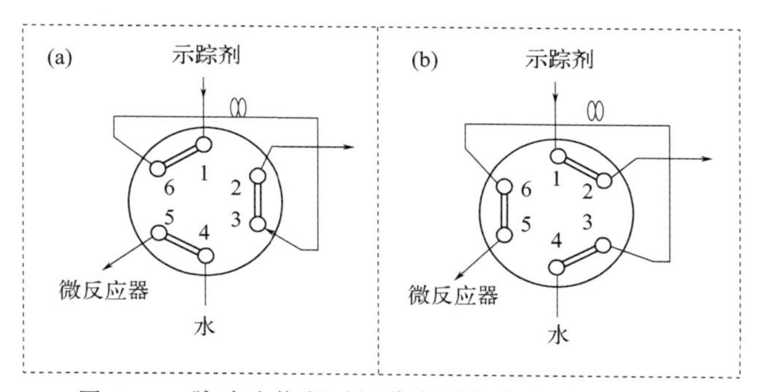

图 20-4 脉冲法停留时间分布测量实验原理示意图

微反应器；③稳定一段时间后，旋转切换两路六通阀，使其处于如图 20-4(b) 所示的状态，连通样品定量环，主流体与示踪剂混合后进入微反应器，并启用秒表计时。取样间隔时间建议不大于 0.1 倍的平均停留时间。所加示踪剂浓度范围为 0.02～0.10mg/mL。

为了对比不同微反应器中停留时间分布的差异，选用如图 20-5 所示的搅拌釜式微反应器停留时间分布测量实验装置。其中，搅拌釜式微反应器结构如图 20-6 所示，多个等容的腔室通过与腔室底部相切的直径为 2mm 的微通道相互连接，每个圆柱形腔室的直径为 9mm、深度为 5mm，每个腔室净容积约为 280μL，反应器总有效体积为 1.7mL。为了方便放置 3mm 宽、5mm 长的磁子，在腔室顶部设置开口，并通过 IDEX 堵头或进出口连接件连接。搅拌釜式微反应器通过 3D 打印制造，整体放置在磁力搅拌器上，由磁力搅拌器提供动力进行混合，搅拌转速可调。

实验过程中，可根据需要选用不同釜数的搅拌釜式微反应器进行实验，也可用心形微反应器替代管式微反应器或搅拌釜式微反应器，测量停留时间分布。

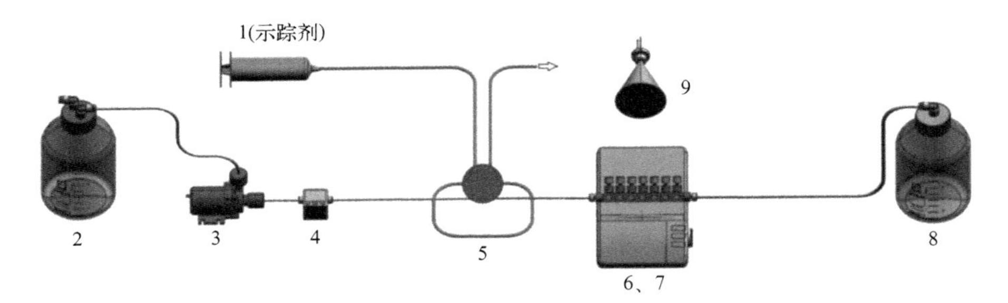

图 20-5 搅拌釜式微反应器停留时间分布测量实验装置

1—示踪剂注射器；2—液体储罐；3—液体进料泵；4—液体流量计；5—两路六通阀；6—搅拌釜式微反应器；7—磁力搅拌器；8—收集罐；9—在线紫外-可见分光光度计

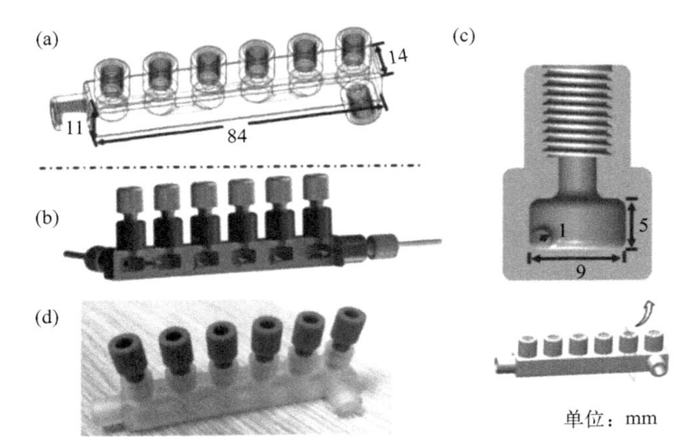

图 20-6 微型多级串联连续搅拌釜式反应器装置

(a) 透视图；(b) 内部流动方向；(c) 单个腔室的横截面图；(d) 3D 打印的模型图

2. 试剂

实验用试剂为去离子水、无水乙醇，示踪剂为亮蓝 FCF（吸收特征峰波长范围为 600～650nm）。为了减少信号中的噪声，对 600～650nm 波长范围内吸光度进行积分。

四、实验步骤

（1）配制不同浓度的亮蓝 FCF 水溶液，用紫外-可见分光光度计进行分析，记录不同浓度溶液对应的吸光度，绘制标准工作曲线。

（2）管式微反应器中停留时间分布测量：

① 配制好亮蓝 FCF 溶液备用，两路六通阀门处于图 20-4(a) 所示的状态，

开启液体进料泵，调节出口阀门开度，使液体流量达到设定值，通过位置 4、5 进入微反应器，记录液体流量。

② 用注射器向六通阀和样品定量环中注入一定量的示踪剂，多余的示踪剂从图 20-4(a) 中位置 2 流出，记录示踪剂的加入量 m。

③ 待液体流量稳定后，切换两路六通阀，使其处于图 20-4(b) 所示的状态，连通定量环注入亮蓝 FCF 溶液，用秒表开始计时。

④ 使用在线紫外-可见分光光度计同时记录管式微反应器入口和出口处的亮蓝 FCF 溶液吸光度；或者在管式微反应器出口定时收集 4～8 滴液体于容量瓶中，用水稀释至 5mL 后，用紫外-可见分光光度计离线测量溶液吸光度。

⑤ 当吸光度在一段时间内不再发生变化或与初始空白样吸光度相等时，即认为实验已完成；也可根据经验设定实验时间，当秒表计时到达设定时间时即可停止实验。

⑥ 增大液体流量值，重复步骤①～⑤。

⑦ 待实验完成后，将液体储罐和收集罐中液体分别倒入废液桶后清洗干净，放回原位。

(3) 将管式微反应器更换为图 20-6 所示的搅拌釜式微反应器，固定搅拌转速和液体流量，重复 (2) 中步骤①～⑦，测量搅拌釜式微反应器中停留时间分布。可根据需要选择考察液体流速、搅拌转速、釜数等参数对停留时间分布的影响。

(4) 如条件允许，将搅拌釜式微反应器更换为心形微反应器，重复 (2) 中步骤①～⑦，测量心形微反应器中停留时间分布。

(5) 待所有实验结束后，将储罐内液体倒空，加入一定量的无水乙醇，开启进料泵，对微反应器进行清洗；计时，在约 5 倍停留时间后，关闭进料泵，清洗结束。

(6) 将液体储罐和收集罐中液体分别倒入废液桶后清洗干净，放回原位，整理实验台，实验结束。

五、实验数据记录及处理

1. 实验数据记录

将实验数据记录在表 20-1～表 20-3 中。

表 20-1　不同浓度亮蓝 FCF 溶液吸光度记录表

溶液浓度/(mg/L)							
吸光度(A)							

表 20-2　管式微反应器中停留时间分布实验数据记录表

微反应器容积/mm^3			液体流量/(mm^3/s)		
序号	时间/s	吸光度(A)	浓度[$c(t)$]/(mg/L)	$tc(t)$/[(mg·s)/L]	$t^2c(t)$/[(mg·s^2)/L]
1					
2					
3					
4					
5					
6					
7					
8					
9					
10					
平均停留时间测量值/s		平均停留时间理论值/s		σ_θ^2	N

表 20-3　搅拌釜式微反应器中停留时间分布实验数据记录表

微反应器容积/mm^3		搅拌转速/(r/min)		液体流量/(mm^3/s)	
序号	时间/s	吸光度(A)	浓度[$c(t)$]/(mg/L)	$tc(t)$/[(mg·s)/L]	$t^2c(t)$/[(mg·s^2)/L]
1					
2					
3					
4					
5					
6					
7					
8					
9					
10					
平均停留时间测量值/s		平均停留时间理论值/s		σ_θ^2	N

2. 实验数据处理

（1）根据所测得的不同浓度亮蓝 FCF 溶液吸光度数据，用软件进行线性回归，得到示踪剂浓度与吸光度的标准曲线及斜率。

（2）根据标准曲线方程，完成表20-2、表20-3中浓度 $c(t)$、$tc(t)$、$t^2c(t)$ 的计算。

（3）如同时测量微反应器入口和出口的示踪剂浓度，采用式(20-12）回归入口和出口浓度分布来提取停留时间分布，并通过编写程序来获得实验测定和理想CSTRs的RTD，计算停留时间分布密度曲线。如只测量微反应器出口的示踪剂浓度分布，根据式(20-4）和式(20-9）计算 $E(t)$ 和 $E(\theta)$，绘制不同类型微反应器的停留时间分布密度曲线，即 $E(t)$ -t 曲线或 $E(\theta)$ -t 曲线。

（4）根据式(20-7）和式(20-8）计算平均停留时间及方差 σ_t^2。

（5）根据式(20-11）和式(20-12）计算 σ_θ^2 和多釜串联模型参数 N。

（6）对于同一类型的微反应器，对比分析操作条件（流速、搅拌转速、搅拌釜数等）对停留时间分布及微反应器内返混的影响。

（7）对比分析相同的平均停留时间条件下，管式微反应器、搅拌釜式微反应器、心形微反应器停留时间分布及返混的差异。

六、思考题

1．管式微反应器内径增大或搅拌釜式微反应器搅拌转速升高，对停留时间分布密度曲线有影响吗？

2．对于多级连续串联搅拌釜式微反应器，如何调节返混程度？

3．分析管式微反应器、釜式微反应器和心形微反应器的停留时间分布曲线的差异，思考微反应器结构对停留时间分布及混合的影响，提出一种新型的微反应器结构，使其停留时间分布接近理想全混流反应器。

参考文献

[1] 刘迎春，叶向群．化学化工专业理论模拟和虚拟仿真实验．北京：高等教育出版社，2023.

[2] 冯艺荣．基于3D打印高效合成烷基铝氧烷的流动化学平台的设计．杭州：浙江大学，2022.

[3] 赵晶，李伯耿，卜志扬，等．微通道内低黏聚合物流体的停留时间分布研究．化工学报，2021，72(8)：4030-4038.

实验二十一 微反应器内单相传热系数测量

一、实验目的

1. 了解微反应器的结构与换热设计原理。

2. 掌握微反应器单相传热系数的测量原理及数据处理方法。

3. 通过对比微反应器与常规尺寸反应器传热系数的差异，加深对微反应器的理解。

二、实验原理

几乎所有的化学反应和化工过程都伴随着热量的交换，微通道良好的换热性能对于化学反应的精确控制至关重要，因此，传热系数是微反应器设计的关键参数之一，其准确测量可为微反应器设计提供重要的基础设计数据。对于特征尺度在微米到亚毫米级的微通道而言，其体积传热系数较传统换热器（$D_h \geqslant 6mm$）可提高1～2个数量级，量级可达到MW/($m^3 \cdot K$)。

微通道内单相连续流体换热相对简单。对充分发展的单相层流而言，努塞尔数 Nu 为常数，即对流传热系数与微通道的水力学直径成反比；摩擦系数与雷诺数成反比，即通道压降和通道水力学直径的4次方成反比。对于微通道内单相湍流而言，适用于大尺寸通道流动的Blasius关系式和传热的Dittus-Boelter或Gnielinski关系式可用于估算微通道内流动和传热。一般而言，对流传热系数和压降随通道尺寸减小而增大。微通道换热器的设计存在着传热与流动之间的优化匹配问题。此外，由于分布腔的进口效应和流体在多个通道内的不均匀分布，单相流单通道的摩擦系数和努塞尔数不能直接用于多通道换热器的设计。而微通道内两相流动传热由于涉及相变更为复杂，目前尚无统一的两相流动传热机理。因此，本实验只涉及单相流单通道微反应器内传热系数的测量。

$$Nu=\frac{hL}{k} \tag{21-1}$$

式中，h 为对流换热系数，$W/(m^2 \cdot K)$；L 为特征长度（微通道的水力学直径），m；k 为流体的热传导率，$W/(m \cdot K)$。

微反应器常采用如图 21-1 所示的套管式换热器结构，管程走工艺介质（进出口温度分别为 T_1、T_2），壳程走冷却介质或加热介质（进出口温度分别为 t_1、t_2）。大多数情况下不允许传热的两种流体相互混合，因而需要用间壁将它们隔开。冷热流体分别从管壁的两侧流过，热流体将热量传递给壁面，通过管壁热传导，再从管壁的另一侧将热量传给冷流体。通过间壁的传热量可以用式(21-2)计算：

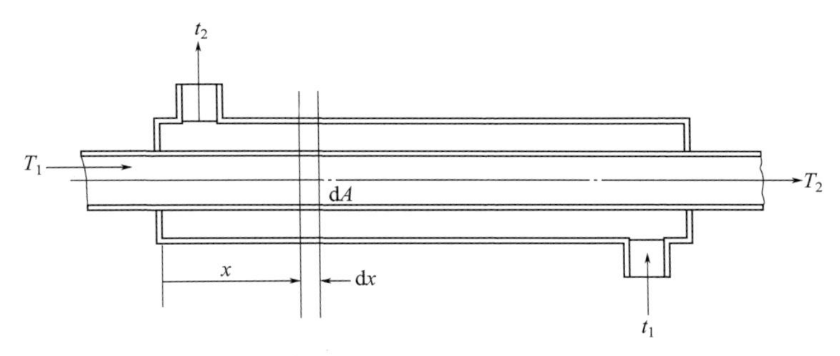

图 21-1　套管式换热器示意图

$$Q=KA\Delta t_m \tag{21-2}$$

式中，Q 为热流量，W；K 为传热系数，$W/(m^2 \cdot K)$；A 为传热面积，m^2；Δt_m 为对数传热温差，K。

需要注意的是，传热系数考虑了热流体通过间壁到冷流体的整个传热过程，一般认为其是不随壁面位置变化的常数。基于通道外表面和内表面的传热系数表达式有所不同，传热面积计算通常以通道外表面积表示。因此，本实验中也以微通道外表面积作为传热面积 A，见式(21-3)，并计算基于外表面积的传热系数 K，见式(21-4)。

$$A=\frac{\pi}{4}d_2^2 \tag{21-3}$$

$$\frac{1}{K}=\frac{1}{\alpha_1}\times\frac{d_2}{d_1}+R_{s1}\frac{d_2}{d_1}+\frac{b}{k_w}\times\frac{d_2}{d_m}+R_{s2}+\frac{1}{\alpha_2} \tag{21-4}$$

式中，α_1 为内壁面给热系数，$W/(m^2 \cdot K)$；α_2 为外壁面给热系数，W/

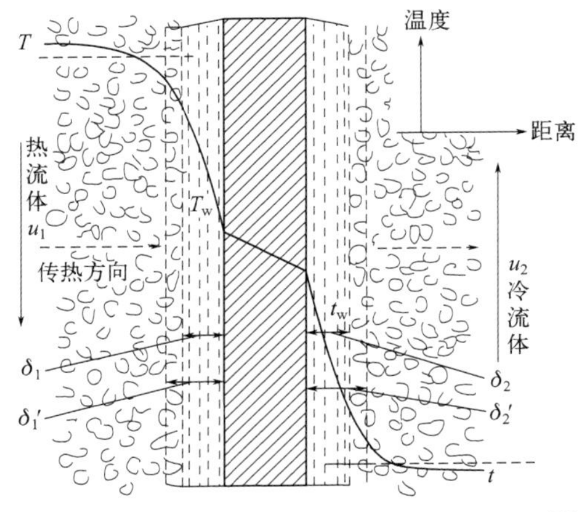

图 21-2　冷热流体通过间壁传热过程示意图[3]

T_w—壁温；δ_1—热流体的膜厚；δ_1'—热流体当量膜厚（热流体的给热热阻所相当的膜厚）；δ_2—冷流体的膜厚；δ_2'—冷流体当量膜厚；u_1—热流体流速；u_2—冷流体流速；T—工艺介质温度；t—换热介质温度

$(m^2 \cdot K)$；k_w 为壁面热导率，$W/(m \cdot K)$；R_{s1} 为通道内侧污垢热阻，$(m^2 \cdot K)/kW$；R_{s2} 为通道外侧污垢热阻，$(m^2 \cdot K)/kW$；d_1 为通道内径，m；d_2 为通道外径，m；d_m 为通道内径和外径的算术平均值，m；b 为通道壁厚，m。

对数平均温差 Δt_m 的计算公式见式(21-5)：

$$\Delta t_m = \frac{\Delta t_1 - \Delta t_2}{\ln(\Delta t_1 / \Delta t_2)} \tag{21-5}$$

$$\Delta t_1 = T_1 - t_2 \tag{21-6}$$

$$\Delta t_2 = T_2 - t_1 \tag{21-7}$$

式中，T_1 为热流体进口温度,℃；T_2 为热流体出口温度,℃；t_1 为冷流体进口温度,℃；t_2 为冷流体出口温度,℃。

冷热流体并流换热时，Δt_1 恒大于 Δt_2；但是逆流换热时则不一定，为计算方便，求逆流换热时对数平均温差，可取两端温度较大值作为式(21-5) 中的 Δt_1，以使 Δt_m 为正值。在冷热流体进出口温度相同条件下，逆流换热的对数平均温差总是大于并流换热。因此本实验的实验装置按逆流换热设计，如有需要，也可以将其设计成并流换热或者逆流、并流换热切换操作。

当热量损失可以忽略时，热流体传出的热流量与冷流体获得的热流量相等，满足式(21-8)：

$$Q = KA\Delta t_m = m_{s1} c_{p1} (T_1 - T_2) = m_{s2} c_{p2} (t_2 - t_1) \tag{21-8}$$

式中，m_{s1} 为热流体质量流量，kg/s；m_{s2} 为冷流体质量流量，kg/s；c_{p1} 为热流体比热容，$J/(kg \cdot K)$；c_{p2} 为冷流体比热容，$J/(kg \cdot K)$。

本实验选用水、乙二醇、丙三醇作为原料，其比热容计算公式如下：

$$c_{p(H_2O)}=\frac{276370-2090.1T+8.125T^2-0.0141167T^3+9.37\times10^{-6}T^4}{18} \tag{21-9}$$

$$c_p(乙二醇)=1076.6+4.6278T \tag{21-10}$$

$$c_p(丙三醇)=90.983+0.4335T \tag{21-11}$$

本实验用流量计测量冷热流体的流量，用温度计测量冷热流体的进出口温度，根据微反应器的结构参数计算传热面积，代入式(21-8) 即可计算冷流体的热流量、热流体的热流量和微反应器的传热系数 K。

三、实验仪器和试剂

1. 仪器

管式微反应器传热系数测量实验装置如图 21-3 所示，由液体储罐、液体进料泵、液体流量计、管式微反应器、收集罐、温度传感器、制冷加热一体化恒温槽、换热介质流量计等组成。其中，管式微反应器按图 21-1 所示的套管换热器结构设计，管程走工艺介质，左进右出，用温度传感器 4 和 6 测量其进出口温度，分别记为 T_1、T_2；壳程走冷却介质或加热介质，右进左出，用温度传感器 10 和 9 测量其进出口温度，分别为 t_1、t_2。工艺介质和换热介质逆流流动换热。

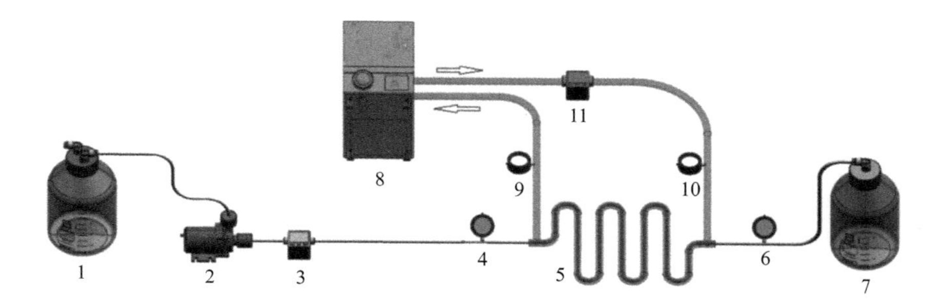

图 21-3　管式微反应器传热系数测量实验装置示意图

1—液体储罐；2—液体进料泵；3—液体流量计；4、6、9、10—温度传感器；5—管式微反应器；7—收集罐；8—制冷加热一体化恒温槽；11—换热介质流量计

2. 试剂

水、乙二醇、丙三醇作为工艺介质模拟物料；水或导热硅油作为换热介质模拟物料。

四、实验方案

本实验以水或导热硅油（KDOC-210）作为换热介质，在闭路体系中循环，其入口温度可由制冷加热一体化恒温槽控制，例如设定为60℃。以水、乙二醇、丙三醇作为工艺介质模拟物料，在敞开体系中使用，其入口温度为环境温度。设定工艺介质和换热介质流量，当流量、温度均达到稳态时，测量并记录工艺介质流量、进出口温度和换热介质流量、进出口温度。

推荐的实验方案如下：

（1）分别选用水、乙二醇、丙三醇作为工艺介质模拟物料，固定换热介质进口温度和流速不变，考察工艺介质物性和流速对微反应器传热系数的影响。

（2）选择一种工艺介质和换热介质，固定工艺介质流速和换热介质流速不变，分别设定换热介质进口温度高于环境温度和低于环境温度，模拟加热和冷却两种工况，对比分析两种不同工况下微反应器传热系数的差异。

（3）选择一种工艺介质和换热介质，固定工艺介质进口温度和换热介质进口温度不变，测量三种长度相同、内径不同的管式微反应器的传热系数，例如内径分别为500μm、1000μm、1500μm，考察管式微反应器比表面积对传热系数的影响。

（4）如有条件，选用康宁AFR® Nebula星云教学平台化工版，测量心形微反应器的传热系数，并与管式微反应器的传热系数进行对比，分析微反应器结构类型对传热的影响。

五、实验步骤

以推荐的实验方案（1）为例对实验步骤进行说明。

（1）实验准备：选用管式微反应器，连接管路；选用水作为换热介质模拟物料，设定恒温水浴槽出口温度（微反应器换热介质入口温度）高于环境温度，例如60℃，开启恒温水浴槽，调节换热介质流量，使换热介质温度和流量均稳定并达到设定值。

（2）以水为工艺介质模拟物料，测量管式微反应器的传热系数：

① 在液体储罐中装入一定量的去离子水，开启液体进料泵，调节出口阀门开度，使液体流量达到设定值，液体流过微反应器并与换热介质换热后进入收集罐。

② 等待一段时间，待管式微反应器内流量、温度均达到稳态时，记录工艺

介质流量、进出口温度和换热介质流量、进出口温度。

③ 改变工艺介质流量，重复步骤②，直至全部工艺介质流量下传热系数均测量完毕。

④ 关闭液体进料泵，将液体储罐和收集罐中液体分别倒入废液桶后清洗干净，放回原位。

(3) 以乙二醇为工艺介质模拟物料，测量管式微反应器的传热系数：

① 在液体储罐中装入一定量的乙二醇，开启液体进料泵，调节出口阀门开度，使液体流量达到设定值，对微反应器进行清洗，计时，在约5倍停留时间后，关闭进料泵，清洗结束。

② 调节出口阀门开度，使液体流量达到设定值，液体流过微反应器并与换热介质换热后进入收集罐；等待一段时间，待管式微反应器内流量、温度均达到稳态时，记录工艺介质流量、进出口温度和换热介质流量、进出口温度。

③ 改变工艺介质流量，重复步骤②，直至全部工艺介质流量下传热系数均测量完毕。

④ 关闭液体进料泵，将液体储罐和收集罐中液体分别倒入废液桶后清洗干净，放回原位。

(4) 以丙三醇为工艺介质模拟物料，测量管式微反应器的传热系数：

① 在液体储罐中装入一定量的丙三醇，开启液体进料泵，调节出口阀门开度，使液体流量达到设定值，对微反应器进行清洗，计时，在约5倍停留时间后，关闭进料泵，清洗结束。

② 调节出口阀门开度，使液体流量达到设定值，液体流过微反应器并与换热介质换热后进入收集罐；等待一段时间，待管式微反应器内流量、温度均达到稳态时，记录工艺介质流量、进出口温度和换热介质流量、进出口温度。

③ 改变工艺介质流量，重复步骤②，直至全部工艺介质流量下传热系数均测量完毕。

④ 关闭液体进料泵，将液体储罐和收集罐中液体分别倒入废液桶后清洗干净，放回原位。

(5) 所有实验全部结束后，关闭恒温水浴槽加热，换热介质继续流动降温，直至其温度降至室温后，关闭恒温水浴槽电源。

(6) 在液体储罐内加入一定量的无水乙醇，开启进料泵，对微反应器进行清洗，计时，在约5倍停留时间后，关闭进料泵，清洗结束。

(7) 关闭所有实验仪器和计算机，将液体储罐和收集罐中液体分别倒入废液桶后清洗干净，放回原位，整理实验台，实验结束。

六、实验数据记录与处理

以推荐的实验方案（1）为例对实验数据记录和数据处理方法进行说明。其他实验方案的实验记录与数据处理大致相同，不再赘述。

1. 实验数据记录

将实验数据记录在表 21-1 中。

表 21-1　实验数据记录表

工艺介质	换热介质	管式反应器			
		内径/m	外径/m	长度/m	换热面积/m^2

参数		1	2	3	4	5	6	7	8
工艺介质	流量/(m^3/s)								
	入口温度(T_1)/℃								
	出口温度(T_2)/℃								
换热介质	流量/(m^3/s)								
	入口温度(t_1)/℃								
	出口温度(t_2)/℃								
对数平均传热温差(Δt_m)/℃									
工艺介质传递的热流量/W									
换热介质传递的热流量/W									
微反应器传热系数(K)/[W/(m^2·K)]									

2. 实验数据处理

（1）查询工艺介质和换热介质的密度，先根据式(21-9)～式(21-11)计算工艺介质和换热介质的比热容，再将测量数据代入式(21-8)，分别计算不同操作条件下工艺介质传递的热流量和换热介质传递的热流量，并作图对比。

（2）根据式(21-5)～式(21-7)计算对数平均传热温差 Δt_m，根据式(21-2)计算传热系数 K；作图对比分析相同工艺介质条件下工艺介质流速对传热系数 K 的影响；作图对比分析工艺介质物性对传热系数 K 的影响。

七、注意事项

1. 严禁在工艺介质为水的条件下，冷却介质温度低于5℃运行，防止水结冰造成微反应器破裂。

2. 测试黏度较大的介质时，流速从小往大逐渐调节，使压降保持在设备工作压力范围内。

3. 完成实验后需要进行乙醇清洗操作。

八、思考题

1. 与常规尺寸管道相比，不同内径的管式微反应器传热系数 K 均显著提高。请分析讨论传热系数 K 与管道内径的关系。

2. 常规尺寸管道通常在湍流流型下操作，而管式微反应器通常在层流流型下操作。流型对传热系数 K 有何影响？

3. 如何提高管式微反应器的传热系数？请列举至少三种方法。

4. 尝试设计微反应器中两相传热系数测量实验装置（有相变），并提供数据处理方法。

参考文献

[1] Lavric，E. D. Thermal performance of Corning glass microstructures. ECI International conference on heat transfer and fluid flow in microscale whistler，2008：21-26.

[2] 陈光文，赵玉潮，乐军，等．微化工过程中的传递现象．化工学报，2013，64（1）：63-75.

[3] 谭天恩，窦梅．化工原理（上册）．4版．北京：化学工业出版社，2013.

实验二十二 微反应器内液-液两相流体积传质系数测量

一、实验目的

1. 掌握互不相溶液-液两相流液相体积传质系数的测量原理及数据处理方法。
2. 了解操作条件对微反应器液-液两相传质效率的影响规律。
3. 学习并熟悉气相色谱仪的使用及数据处理。

二、实验原理

1. 互不相溶液-液两相流传质特性

微通道内液-液两相流流体传质时间和扩散距离短、传质效率高，比传统反应器高 2～3 个数量级，近年来在乳液制备、新材料合成等领域得到广泛应用。微通道内液-液两相流流体的混合和传质特性与两相流流型密切相关。现有文献针对互不相溶液-液两相流流体传质的研究多集中在特定流动状况，尤其是弹状流和滴状流流型。而实际传质与反应过程中，液-液两相流流动状况随传质、反应深度增加而动态变化，反应过程中将会发生流型转换现象。因此需研究各种流动状况下的传质特性，并拓展到流型动态变化过程中。

弹状流流型下液-液两相流传质机理包括弹状体的对流传质和两相之间的分子扩散，其中对流传质是弹状流流型传质效率高于其他流型的重要原因。如图 22-1 所示，弹状流流型下，在液弹与液膜或壁面的剪切作用下，液弹内部产生内循环流动，使边界层厚度和扩散距离减小，表面更新速度和比相界面积增大，从而强化传质。其中，弹状体液柱尺寸越小，液柱内受到的扰动作用越大，有助于提高传质效率。滴状流流型下，液滴形成阶段其内部扰动更为剧烈，其体积传质系数是液滴在通道下游运动时体积传质系数的3～4倍，这使得整个系统内流体初始接触区域附近的总体积传质系数最大。

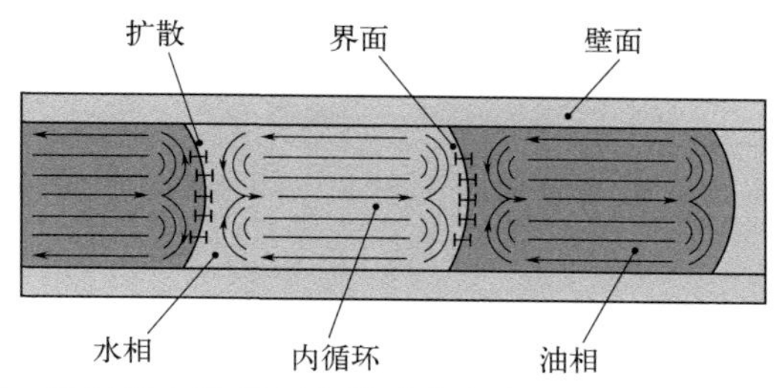

图22-1　微通道内液-液两相流弹状流流型下内循环流动示意图

微通道结构、液-液两相流动速度、液-液两相物理性质等影响微通道内液-液两相流流型的因素同样对传质效率有重要的影响。与直通道相比，采用复杂的微通道结构（如弯曲微通道、有折流结构的微通道）可以产生更好的传质效果。微通道内利用气体的搅拌作用或填充微颗粒的剪切作用，可极大地增强两相流体分散效果、比表面积和表面更新速度，使传质效率提高1～2倍。

2. 液-液两相流体积传质系数测量

微反应器内液-液两相流传质特性可用液相体积传质系数 k_{La} 来表征。体积传质系数是指溶质在单位时间内通过单位面积的传质量与浓度差的比值，它是描述液-液两相传质过程的重要参数，对于化学反应、分离、萃取等工艺过程的设计和优化具有重要的意义。

液-液两相双膜理论将相际传质过程简化为经两膜层的稳定分子扩散的串联过程，液膜传质速率方程为：

$$N_A = k_L(c^* - c) \tag{22-1}$$

式中，N_A 为溶质A通过液膜的传质通量，$mol/(m^2 \cdot s)$；c^* 为液-液相界面处某一液相中组分 A 的平衡浓度，mol/L；c 为同一液相主体中组分 A 的平均浓度，mol/L；k_L 为液膜传质系数，m/s。

微通道内液-液两相流流体传质测试方法可分成离线和在线两大类。离线法测试简单、准确，可适用于各类微反应器整体性能的检测，但试剂用量大；在线法多为摄像法，利用像素变化定量测定通道内局部传质效果，试剂耗用量少、快速、简便，但仅适用于透明微反应器的局部传质性能测量。本实验采用离线法，取样后用气相色谱分析油相中乙酸乙酯的浓度变化，以确定水-白油体系的体积传质系数。

对于从油相转移到水相中的溶质乙酸乙酯，假设传质阻力主要集中于水相，则乙酸乙酯在水相中的浓度随时间的变化可以写为：

$$\frac{\mathrm{d}c_{\mathrm{aq}}}{\mathrm{d}t}=k_{\mathrm{La}}(c_{\mathrm{aq}}^{*}-c_{\mathrm{aq}}) \tag{22-2}$$

式中，c_{aq}^{*} 是乙酸乙酯在水相中的平衡浓度，mol/L，与其在油相中初始浓度有关。

将上式积分可得总液相体积传质系数 k_{La} 的表达式：

$$k_{\mathrm{La}}=\frac{1}{\tau}\ln\left(\frac{c_{\mathrm{aq,o}}^{*}-c_{\mathrm{aq,i}}}{c_{\mathrm{aq,o}}^{*}-c_{\mathrm{aq,o}}}\right) \tag{22-3}$$

式中，k_{La} 为体积传质系数，s^{-1}；$c_{\mathrm{aq,i}}$ 为入口水相中乙酸乙酯浓度，mol/L；$c_{\mathrm{aq,o}}$ 为出口水相中乙酸乙酯浓度，mol/L；$c_{\mathrm{aq,o}}^{*}$ 为两相平衡时水相中乙酸乙酯浓度，mol/L；τ 为两相流体在微反应器中平均停留时间，s。

由于入口水相中乙酸乙酯浓度为 0，因此式(22-3) 可以改写成：

$$k_{\mathrm{La}}=\frac{1}{\tau}\ln\left(\frac{c_{\mathrm{aq,o}}^{*}}{c_{\mathrm{aq,o}}^{*}-c_{\mathrm{aq,o}}}\right) \tag{22-4}$$

两相平衡时水相中乙酸乙酯浓度可根据式(22-5) 计算：

$$c_{\mathrm{aq,o}}^{*}=k_{\mathrm{p}}c_{\mathrm{org,o}} \tag{22-5}$$

式中，k_{p} 为乙酸乙酯在油水两相中的分配系数；$c_{\mathrm{org,o}}$ 为出口油相中乙酸乙酯浓度，mol/L。

两相流体在微反应器中平均停留时间 τ 可根据式(22-6) 计算：

$$\tau=\frac{V}{Q_{\mathrm{m}}} \tag{22-6}$$

式中，V 为微反应器容积，m^3；Q_{m} 为微反应器入口两相总体积流量，m^3/s。

三、实验仪器和试剂

1. 仪器

微反应器液-液两相流体积传质系数测量实验装置如图 22-2 所示，由油相储罐、油相进料泵、油相流量计、水相储罐、水相进料泵、水相流量计、混合器、管式微反应器、进口压力表、出口压力表、收集罐等组成。管式微反应器的直径和长度可根据需要选取，也可用心形微反应器代替管式微反应器。还可准备 3～5 个相同容积、不同内径的管式微反应器，考察管式微反应器内径对液-液两相流体积传质系数的影响。

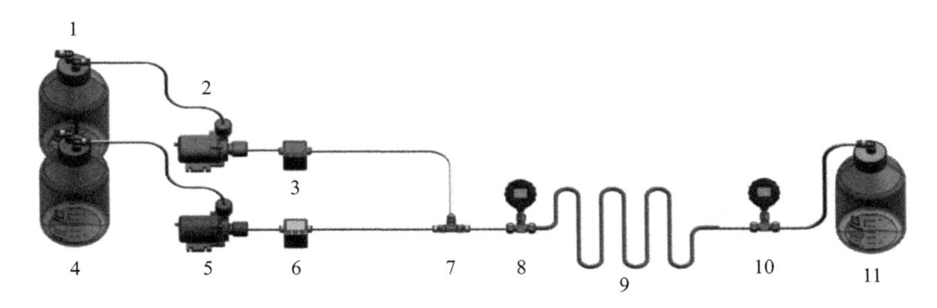

图 22-2　微反应器液-液两相流体积传质系数测量实验装置

1—油相储罐；2—油相进料泵；3—油相流量计；4—水相储罐；5—水相进料泵；6—水相流量计；7—混合器；8—进口压力表；9—管式微反应器；10—出口压力表；11—收集罐

由于温度对液-液两相传质过程影响较大，为了保证实验环境温度合适且恒定，推荐采用如图 22-3 所示的可控温微反应器，连接恒温水浴槽，保证微反应器内温度稳定，例如 25℃。如不具备条件，应尽量保持环境温度稳定，并记录环境温度数据。

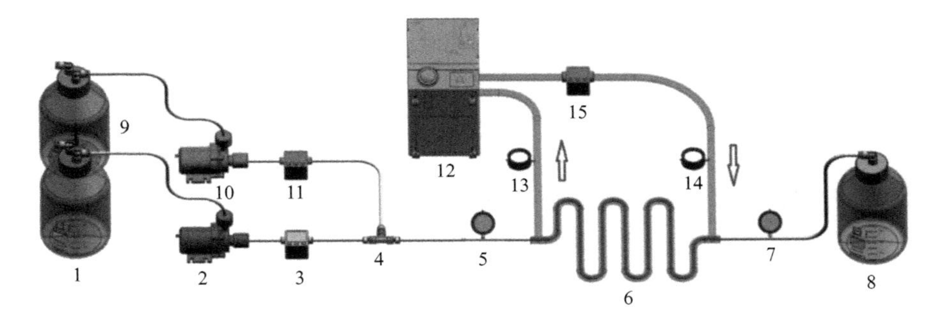

图 22-3　可控温微反应器液-液两相流体积传质系数测量实验装置

1—油相储罐；2—油相进料泵；3—油相流量计；4—混合器；5—进口压力表；6—管式微反应器；7—出口压力表；8—收集罐；9—水相储罐；10—水相进料泵；11—水相流量计；12—恒温槽；13、14—换热介质温度计；15—换热介质流量计

实验中使用的其他仪器还包括：多个取样瓶、多个烧杯、多个分液漏斗；气相色谱仪，配备氢火焰离子化检测器（FID），推荐使用 SH-Rtx-5 Dimensions 气相色谱柱（尺寸为 30m×0.25mm×0.25μm）。

2. 试剂

去离子水，乙酸乙酯（分析纯），白油，无水乙醇，正己烷，正癸烷，无水硫酸镁等。

四、实验步骤

1. 乙酸乙酯在油水两相中分配系数测量

（1）将乙酸乙酯加入白油中分别配制浓度为 0.2mol/L、0.4mol/L、0.6mol/L、0.8mol/L、1mol/L 的溶液，每个浓度溶液取 3 个平行样，使用气相色谱仪分析得到乙酸乙酯对应色谱峰的面积，用峰面积与对应的乙酸乙酯浓度作图，得到标定曲线 $y=kc+b$。

（2）将乙酸乙酯加入白油中配制一定浓度的乙酸乙酯白油溶液待用。常温下，取一定体积比例的去离子水和配制好的乙酸乙酯白油溶液在磁力搅拌器中充分搅拌混合，静置 24h 后，使用分液漏斗进行相分离。取上层有机相通过气相色谱分析得到白油中乙酸乙酯浓度，再根据质量衡算，得到水相中乙酸乙酯浓度，最后根据式(22-7) 计算得到乙酸乙酯在油水两相中分配系数 k_{p}。多次实验取平均值作为最终的 k_{p}。

$$k_{\mathrm{p}}=\frac{c_{\mathrm{EA}}^{\mathrm{aq}}}{c_{\mathrm{EA}}^{\mathrm{org}}} \tag{22-7}$$

式中，$c_{\mathrm{EA}}^{\mathrm{aq}}$ 为平衡后水相中乙酸乙酯浓度，mol/L；$c_{\mathrm{EA}}^{\mathrm{org}}$ 为平衡后油相中乙酸乙酯浓度，mol/L。

注：为节省实验时间，该步骤可提前完成。

2. 白油-水体系体积传质系数测量

（1）配制一定浓度的乙酸乙酯白油溶液，例如浓度为 0.4mol/L。

（2）称取一定量的白油加入油相储罐，称取一定量的去离子水加入水相储罐。

（3）先开启水相进料泵，调节出口阀门开度，使水相流量达到设定值；再打开油相进料泵，调节出口阀门开度，使油相流量达到设定值，例如初始油相流量占比为 10%；油水两相经混合器混合后进入微反应器进行混合传质，最后离开微反应器进入收集罐。

（4）待水相流量、油相流量、微反应器进出口压力等参数均稳定后，再等待一段时间，例如 2min，用取样瓶在出口取样，建议取样量大于 50mL；取样完成后，将样品倒入分液漏斗，静置分层，取上层有机相进行气相色谱分析测量油相中乙酸乙酯浓度。

（5）取样完成后，减小水相流量，增大油相流量，保证两相总流量不变，例如油相流量占比分别为20%、30%、40%、50%、60%、70%、80%、90%，重复步骤（3）和（4）。

（6）如条件允许，改变乙酸乙酯白油溶液浓度或更换不同内径的管式微反应器，重复步骤（1）～（5）。

（7）待所有实验结束后，关闭油相进料泵和水相进料泵，停止进料。

（8）将储罐内液体倒空，加入一定量的乙醇，开启油相进料泵和水相进料泵，对微反应器进行清洗；计时，在约5倍停留时间后，关闭油相进料泵和水相进料泵，清洗结束。

（9）关闭所有实验仪器和计算机，将油相储罐、水相储罐和收集罐中液体倒入废液桶后清洗干净，放回原位，整理实验台，实验结束。

说明：如有条件，将管式微反应器替换为心形微反应器，重复上述步骤，开展实验并记录分析数据。

五、实验数据记录及处理

1. 实验数据记录

将实验数据记录在表22-1～表22-3中。

表22-1　白油中乙酸乙酯浓度标定曲线测量实验数据记录表

白油中乙酸乙酯浓度/(mol/L)		0.2	0.4	0.6	0.8	1.0	1.2
色谱峰面积/(mAU/min)	样品1						
	样品2						
	样品3						

表22-2　乙酸乙酯在油水两相中分配系数测量实验数据记录表

乙酸乙酯白油溶液质量/g	乙酸乙酯白油溶液浓度/(mol/L)	去离子水质量/g	油相中乙酸乙酯平衡浓度/(mol/L)	水相中乙酸乙酯平衡浓度/(mol/L)	分配系数k_p

表22-3　白油-水体系体积传质系数测量实验数据记录表

微反应器通道内径/m	微反应器通道截面积/m^2	微反应器长度/m	微反应器容积/m^3	乙酸乙酯白油溶液浓度/(mol/L)

续表

序号	水流量/(m^3/s)	白油流量/(m^3/s)	两相总体积流量/(m^3/s)	平均停留时间/s	反应器出口油相中乙酸乙酯浓度/(mol/L)	反应器出口水相中乙酸乙酯浓度/(mol/L)	体积传质系数/s^{-1}
1							
2							
3							
4							
5							
6							
7							
8							

2. 油相中乙酸乙酯浓度分析

以正己烷为溶剂，正癸烷为内标物，取正己烷150mL，加入0.1mL正癸烷，再用正己烷稀释到200mL，混合均匀，待用。

采用气相色谱仪对油相中乙酸乙酯浓度进行定量分析，选用正己烷为稀释剂，正癸烷为内标物，利用内标法分别测定微反应器进口和出口处油相中乙酸乙酯的浓度，气相色谱分析条件见表22-4。

表22-4 推荐的气相色谱分析条件

项目	条件
载气	高纯氮气
载气压力	0.5bar(50kPa)
进样口温度	200℃
恒流模式	柱流量20mL/min,分流比29∶1
程序升温	起始温度50℃,以15℃/min升温至170℃,保持2min,再以25℃/min升温至280℃,终温保持4min
氢火焰离子化(FID)检测器	温度:300℃ 氢气流量:30mL/min 空气流量:400mL/min 补充气(N_2)流量:10mL/min

3. 实验数据处理

(1) 先根据式(22-6)计算平均停留时间；再将通过气相色谱分析得到的油相中乙酸乙酯浓度和分配系数k_p代入式(22-5)计算两相平衡时水相中乙酸乙酯浓度；再根据质量衡算[式(22-8)]计算得到出口水相中乙酸乙酯浓度，如有条件，也可以用气相色谱仪分析水相中乙酸乙酯浓度；最后，根据式(22-4)计算

体积传质系数 k_{La}。

$$Q_{aq}c_{aq,i}+Q_{org}c_{org,i}=Q_{aq}c_{aq,o}+Q_{org}c_{org,o} \tag{22-8}$$

（2）以体积传质系数 k_{La} 为纵坐标、油相流量与总流量的比值为横坐标作图，结合白油-水两相流型图，分析讨论液-液两相流型对传质的影响。

六、注意事项

1. 乙酸乙酯易挥发，实验时应开启通风，做好个人防护，避免吸入。

2. 严禁介质温度低于5℃运行，防止水结冰造成微反应器破裂。

3. 测试黏度较大的介质时，流速从小往大逐渐调节，使压降保持在设备工作压力范围内操作。

4. 完成实验后需要进行无水乙醇清洗操作。

七、思考题

1. 不同的水相和油相流量比对应不同的液-液两相流流型。本实验条件下会出现哪几种典型的液-液两相流流型？哪种流型的传质效率最高？为什么？

2. 结合文献和本实验数据，讨论微反应器结构对液-液两相传质的影响。例如，对比分析不同内径管式微反应器、心形微反应器、其他复杂结构微反应器的液-液两相体积传质系数，分析其内部结构对流场、混合和传质的影响。

3. 提供至少三种微反应器液-液两相传质过程强化方法。

参 考 文 献

［1］ 钱锦远，李晓娟，吴赞，等．微通道内液-液两相流流型及传质的研究进展．化工进展，2019，38（4）：1624-1633.

［2］ 陈光文，赵玉潮，乐军，等．微化工过程中的传递现象．化工学报，2013，64（1）：63-75.

［3］ Zhao S，Yao C，Dong Z，et al. Intensification of liquid-liquid two-phase mass transfer by oscillating bubbles in ultrasonic microreactor. Chemical Engineering Science，2018，186：122-134.

［4］ Kashid M N，Renken A，Kiwi Minsker L. Gas-liquid and liquid-liquid mass transfer in microstructured reactors. Chemical Engineering Science，2011，66（17）：3876-3897.